BIBLIOTHÈQUE RURALE

INSTITUÉE PAR LE GOUVERNEMENT

MANUEL

DE

COMPTABILITÉ AGRICOLE.

BRUXELLES

1849

STAPLEAUX,
éditeur

1ʳᵉ SÉRIE, Nᵒ 3.

BIBLIOTHÈQUE RURALE

INSTITUÉE

PAR LE GOUVERNEMENT.

COURS ÉLÉMENTAIRE

DE

COMPTABILITÉ AGRICOLE.

ABRÉVIATIONS

USITÉES DANS LA COMPTABILITÉ.

M/Cte, m/c : Signifie mon compte.
S/c, l/c, n/c, etc. : Son, leur ou notre compte.
Esc^te : Escompte.
Cte c^t, c/c : Compte courant.
P. $^o/_o$: pour cent : p. $^{oo}/_{oo}$: pour mille.
S/B^t ou s/b : Son billet ; m/b : mon billet.
Fin c^t : Fin courant, fin du mois commencé.
Proch.   Prochain.
M/o, s/o, n/o, l/o ; Mon, son, notre ou leur ordre.
A 3 m, à 3/m : A trois mois.
P/s^de : Pour solde.

BIBLIOTHÈQUE RURALE

INSTITUÉE

PAR LE GOUVERNEMENT.

COURS ÉLÉMENTAIRE

DE

COMPTABILITÉ AGRICOLE.

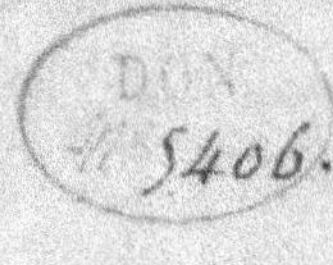

BRUXELLES.
IMPRIMERIE DE G. STAPLEAUX,
RUE DE LA MONTAGNE, N° 51.

1849

AVANT-PROPOS.

NÉCESSITÉ ET AVANTAGES DE LA COMPTABILITÉ EN AGRICULTURE.

Parmi les innovations de haute utilité que l'on doit s'efforcer d'introduire dans nos exploitations rurales, tant dans l'intérêt privé que dans l'intérêt général, la comptabilité se place au premier rang.

Dans le commerce et dans l'industrie, on a senti depuis longtemps la nécessité de contrôler les opérations par le moyen des écritures, et l'on a pu en apprécier les avantages immenses. Or, l'agriculteur n'est-il pas à la fois producteur et commerçant? Précisément parce que ses entreprises sont plus compliquées, il a un intérêt plus puissant et plus direct à se rendre un compte exact de chacune d'elles. La comptabilité seule peut lui fournir l'innombrable quantité de données nécessaires pour porter la lumière dans la série de ses spéculations multiples et variées.

On peut à peine se faire une idée de la confusion

qui règne aujourd'hui à cet égard dans nos exploitations rurales. Que de cultivateurs, même parmi les plus intelligents, seraient embarrassés s'ils devaient, à un moment donné, indiquer la situation exacte de leurs affaires! Ce n'est, la plupart du temps, que d'une manière vague qu'ils connaissent l'étendue de terrain consacrée à telle ou telle plante, le produit obtenu par hectare, la répartition de leurs engrais, la fertilité des différentes pièces de terre, les frais de culture occasionnés par telle ou telle récolte, les consommations, etc., etc.; chez eux, enfin, tout marche au hasard. Peut-être pourront-ils vous dire qu'ils ont remisé tant de gerbes de blé, rentré tant de voitures de fourrages, sorti tant de chariots de fumier. Fort bien : mais toutes ces évaluations superficielles ne sont pas même annotées.

On ne saurait s'élever avec trop de force contre un pareil système d'insouciance, contre une aussi déplorable incurie, dirons-nous.

Cependant nos agriculteurs ont une réponse toute prête quand vous manifestez quelque étonnement de voir qu'ils n'ont pas de comptabilité : *A quoi bon ces menus détails? En définitive, nous voyons bien au bout de l'année nos bénéfices, sans recourir à des écritures superflues, bonnes tout au plus à nous faire perdre du temps!*

Quelques-uns, il est vrai, encore sont-ils rares, tiennent note des déboursés et des rentrées de fonds, et ils croient avoir pleinement satisfait aux exigences de leur position ; ce qui ne les empêche pas de conduire leurs opérations comme les autres, à l'aventure, et sans savoir où réside le véritable bénéfice.

Chose étrange ! la comptabilité est regardée comme superflue par ceux-là mêmes à qui elle serait le plus avantageuse ; son efficacité est méconnue par ceux dont elle doit constamment éclairer la marche. Le commerçant, en effet, voit avec facilité le résultat de ses entreprises : en ajoutant les frais d'acquisition et de magasin au prix d'achat, il a le *prix de revient* de ses marchandises, et, lors de la vente, il n'a qu'à défalquer celui-ci du prix auquel il cède, pour voir le bénéfice réalisé dans son opération. Voyons s'il en est de même en agriculture? Ici, ce sont des transformations continuelles que subit la matière première. Les engrais confiés à la terre se changent en récoltes, les fourrages donnés aux animaux se transforment en viande, en travail, etc., etc. Est-il facile de saisir les résultats de ces diverses mutations? Et puis la réalisation est-elle immédiate? ne se fait-elle pas souvent attendre un an, deux ans, trois ans, et même davantage?

Dans toute industrie, pour agir avec espoir de gain, il faut s'enquérir du *prix de revient,* qui nous éclaire immédiatement sur la valeur d'une entreprise ; car il faut toujours qu'il soit inférieur au prix de vente sur le marché, et, en même temps, il est indispensable que la différence à l'avantage du producteur lui fournisse un intérêt convenable des capitaux engagés. C'est là certainement une vérité que personne ne contestera : les produits créés doivent avoir une valeur supérieure aux frais de production.

Le cultivateur se propose évidemment d'arriver au bénéfice net le plus considérable relativement aux capitaux engagés dans son industrie. Mais comment sait-il que ses opérations tendent vers ce but ou qu'il ne suit pas une marche diamétralement opposée? Nous sommes persuadé que, dans la grande majorité des cas, nos agriculteurs s'entourent d'une sécurité dont ils se dépouilleraient promptement s'ils soumettaient leurs spéculations à des calculs rigoureux.

Est-il indifférent de faire consommer les fourrages par les vaches laitières, par les bêtes à laine, etc.? Obtient-on les mêmes résultats en produisant du colza, du froment, du lin, etc., etc.? Il n'est pas nécessaire d'avoir de bien grandes connaissances en agriculture pour répondre qu'il y a là un choix à faire. Mais qui nous indiquera ce choix? qui nous fera adopter telle spéculation plutôt que telle autre? qui nous éclairera sur la valeur respective de ces différentes entreprises? La solution de ces problèmes si importants nous sera fournie par des écritures régulièrement tenues.

Évidemment la comptabilité n'a aucune influence sur les faits accomplis, elle ne fait que les mettre en évidence et, en scrutant les données fournies par le passé, en se basant sur les indications apportées par le présent, elle nous trace la marche pour l'avenir, elle nous met sur la voie des spéculations lucratives.

Vous me dites que chaque année vous réalisez des bénéfices. Mais cela ne me suffit pas. Obtenez-vous le plus grand bénéfice possible? Voilà ce qu'il est indispensable de connaître, et vous n'arriverez jamais à cette connaissance si vous n'avez une comptabilité régulière.

Agirait-il sagement celui qui, possédant une roue hydraulique, projetterait sur cette roue deux courants d'eau qui tendraient à lui communiquer des rotations inverses? Le mouvement est donné à la roue, malgré la résistance qui contrarie la plus forte impulsion; mais est-ce à dire qu'il ne serait pas beaucoup plus avantageux de supprimer le courant contraire, ou mieux encore de lui imprimer une direction qui lui permette de favoriser l'impulsion à laquelle la roue obéit?

De même que, dans cet exemple, les diverses forces ne doivent pas se nuire, mais concourir au même résultat, de même, dans une exploitation rurale, toutes les spéculations doivent être conçues de manière à élever le produit net. Malheureusement, c'est une vérité qui n'est pas encore comprise par nos cultivateurs.

Voilà un agriculteur qui fait 10,000 francs de bénéfices; ce résultat est satisfaisant, il lui fournit un intérêt convenable de ses capitaux. Cet homme n'a pas de comptabilité, mais à la fin de l'année, il trouve 10,000 francs de plus dans sa caisse, et cela

lui suffit. Osera-t-il soutenir que toutes ses spéculations sont avantageuses? Pourra-t-il donner
le pour et le contre de son système de culture? le
discuter avec des faits à l'appui de ses assertions?
Non; il ne possède aucun document; il ne voit que
le résultat global, et il lui est impossible de discer-
ner les pertes partielles, s'il en existe. En effet, il y
a dans la ferme des chevaux, des vaches, des moutons, etc., etc.; il cultive des pommes de terre, du
colza, du froment, etc. Eh bien, n'est-il pas possible
qu'il y ait perte sur l'une des spéculations animales
ou végétales, et cette perte ne sera-t-elle pas voilée
par le résultat définitif qui résume l'ensemble?

Supposons que le bénéfice de 10,000 francs soit
fourni par les animaux : on opère sur les vaches
laitières, les chevaux et les moutons. La vacherie
donne un bénéfice de 8,000 francs, et la bergerie, un
autre de 4,000 francs; mais les chevaux sont en
perte de 2,000 francs. Cette perte ne peut être constatée que par une comptabilité où se trouvent consignés les éléments des frais, et comme notre cultivateur
ne possède pas ce moyen de vérification, il poursuit
une spéculation dont la suppression seule porterait
son bénéfice à 12,000 fr. Au moyen d'une comptabilité régulièrement tenue, il se serait convaincu que
la production chevaline était onéreuse, et il l'aurait
abandonnée pour donner plus d'extension à celles qui
lui promettent un profit certain.

On comprend aisément que les mêmes résultats se

produisent dans les spéculations végétales, et l'on sent combien est déplorable une négligence qui touche à nos plus chers intérêts, et en même temps, combien elle est préjudiciable à l'agriculture, en général.

De même qu'en agriculture il n'est pas rationnel de condamner une opération parce qu'un premier essai n'a pas été heureux, de même on ne doit pas toujours proscrire une spéculation aux premières révélations de la comptabilité. Dans l'industrie agricole, les circonstances ont une immense influence, et avant de prendre une décision, il faut s'assurer que l'on a opéré dans des conditions normales. Si le cultivateur est certain que le résultat s'est produit au milieu des circonstances ordinaires de la localité, et que ce résultat soit onéreux, évidemment il ne doit pas apporter la moindre hésitation, il faut qu'il supprime une spéculation qui, chaque année, menace de le constituer en perte.

La prospérité des différentes branches d'une exploitation est due le plus souvent à une comptabilité rigoureusement tenue. Mais c'est seulement quelques années après son introduction que l'on peut en apprécier tous les avantages par la lumière qu'elle jette sur toutes les opérations, et par les déductions qu'elle nous met à même de tirer des faits consommés.

La comptabilité est appelée à rendre de grands services à notre industrie : nous ne demandons pas au cultivateur d'adopter tel ou tel système de culture, de donner la préférence à telle spéculation animale, nous l'engageons seulement à faire usage de livres où il consignera régulièrement ses opérations. S'il consent à entrer dans cette voie si sage et si rationnelle, nous sommes persuadé qu'il introduira lui-même des modifications dans son ensemble; en effet, si les spéculations sont antiéconomiques, si son système de culture est vicieux, les écritures le constateront d'une manière irréfragable.

L'agriculteur peut être un excellent praticien, connaître parfaitement le traitement que nécessite son sol, l'époque où les labours sont le plus profitables, celle où les semailles doivent être exécutées, etc., etc., et, malgré cette connaissance, faire de très-mauvaises affaires, s'il n'a recours à la comptabilité; car, sans celle-ci, il lui manquera toujours ce que nous appellerons l'*expérience économique*, qui découle aussi de l'observation, mais de l'observation traduite en chiffres.

Il ne suffit pas d'obtenir de belles récoltes, d'entretenir de beaux animaux : ce qu'il est important de savoir, c'est ce que les unes coûtent à produire, ce que les autres exigent pour leur entretien; et, dans l'état actuel des choses, il est impossible que le fermier se procure ces utiles et indispensables renseignements.

Un des premiers bienfaits de la comptabilité sera de débarrasser nos exploitations de spéculations onéreuses. Ces spéculations bannies ne sont pas détruites, ne sont pas anéanties; abandonnées ici, elles se transplantent ailleurs, et nous arrivons nécessairement à la localisation de chacune d'elles, de sorte qu'elles s'exercent alors sous l'influence des circonstances les plus favorables à leur développement. Ce résultat est inévitable, et la nature, par la variété des terrains, la diversité des climats, etc., etc., nous montre qu'à certaines circonscriptions sont dévolues certaines spéculations. Par la localisation des industries, la Providence nous indique que nous avons continuellement besoin de nos semblables, et nous force à multiplier nos relations.

Déjà nous avons employé le mot *économie* à diverses reprises, il est utile que nous nous expliquions sur le sens que nous y attachons. Pour nous, l'économie ne consiste pas dans une épargne sordide, dans une parcimonie rigoureuse : celui qui fait des dépenses en temps et lieu, à l'heure indiquée, qui les dirige toujours dans le sens de la bonne production, connaît l'économie. Celle-ci nous enseigne à ne pas reculer devant les dépenses qui doivent nous fournir des bénéfices. Souvent en voulant *épargner* dix francs, on en *perd* vingt, et l'on fait une opération antiéconomique.

L'économie s'appuie sur des chiffres et non sur des hypothèses, et son langage acquiert par là une autorité qui ne peut être combattue par des raisonnements spécieux.

En bonne économie, on fait quelquefois de très-fortes dépenses, mais c'est aussi pour recueillir des produits très-élevés; on ne considère pas isolément le chiffre du déboursé, on examine aussi le résultat définitif, et, en dernière analyse, le produit le plus élevé doit toujours s'obtenir avec le moins de dépenses possible. A notre sens enfin, *l'économie est la science du produit net*, et *la comptabilité en est le flambeau*.

Nous croyons avoir suffisamment appuyé sur l'importance de la comptabilité pour nos exploitations rurales; quant aux difficultés qu'elle peut présenter dans ses applications, elles sont plutôt imaginaires que réelles. Tout cultivateur quelque peu intelligent pourra tenir des écritures régulières en y consacrant, chaque jour, un quart d'heure ou vingt minutes, et quelques heures chaque mois. Ce travail ne demande que de l'attention et du jugement, et la pratique le simplifie beaucoup. L'aptitude qu'il réclame s'acquiert rapidement, et, avec elle, le langage des chiffres, ce qui rend la besogne attrayante, et lui enlève ce qu'elle paraît avoir d'aride et de machinal au premier abord. Espérons que le jour n'est pas loin où nos agriculteurs se décideront à faire usage de la tenue des livres, qui les éclairera sur leurs véritables intérêts, en leur démontrant d'une manière péremptoire les vices de leur routine.

Dans ce cours élémentaire, nous nous sommes efforcé d'exposer les principes avec clarté et simplicité. Nous n'avons pas eu la prétention de produire du nouveau, nous avons puisé largement aux meilleures sources, nous proposant seulement de vulgariser des connaissances qui, mises à la portée des cultivateurs, leur seront de la plus haute utilité, si, comme nous l'espérons, ils consentent à en faire l'application.

Si nous avions trouvé un Traité de comptabilité qui pût figurer dans la *Bibliothèque Rurale*, nous n'eussions pas entrepris la présente publication. Ce n'est pas que nous manquions d'ouvrages sur la tenue des livres ; mais les uns sont trop volumineux, et renferment des détails qui ne peuvent être d'aucune utilité à nos cultivateurs ; les autres laissent à désirer sous le rapport des développements consacrés à certaines parties, et le plus grand nombre s'adressent exclusivement aux commerçants.

Avant de terminer, qu'il nous soit permis de faire un appel aux instituteurs primaires. C'est à eux surtout qu'est réservée la tâche difficile de faire pénétrer ces notions dans nos campagnes ; c'est ici qu'il faut réduire les connaissances à leur plus simple expression, aplanir les difficultés, afin de se mettre à la portée de toutes les intelligences.

L'instituteur est plus que personne apte à remplir cette difficile mission : né le plus souvent au milieu des populations rurales qu'il est appelé à instruire, il est initié à leur langage, et c'est celui dont il faut se servir pour se faire comprendre. Il faut savoir manier cette langue figurée et pittoresque, au moyen de laquelle l'homme des champs exprime sa pensée, pour lui inculquer des idées nouvelles. Au moyen d'une comparaison empruntée aux faits de la vie journalière, on peut arriver à lui faire saisir des vérités qui, exposées dans le langage propre, seraient restées complétement inintelligibles pour lui. Qu'une sotte vanité ne fasse pas reculer devant une comparaison triviale ; lorsqu'il s'agit de communiquer nos idées aux autres, il est nécessaire que nous ayons sans cesse présent à l'esprit le but que nous nous proposons d'atteindre.

En initiant leurs jeunes élèves aux principes de la comptabilité, les instituteurs feront surgir en eux des idées d'ordre et d'économie qui les guideront dans la vie, et ils acquerront un titre de plus à la confiance du gouvernement et à la reconnaissance du pays.

COURS ÉLÉMENTAIRE

DE

COMPTABILITÉ AGRICOLE.

La comptabilité agricole est l'art de constater, par des écritures claires et concises, tous les faits accomplis et de les ranger avec méthode.

On se sert à cet effet :

1° De *mots* ou *expressions techniques* consacrés par l'usage;

2° De *registres*, diversement disposés, de formats différents, et ayant chacun leur destination spéciale.

3° De *méthodes* ou *systèmes* plus ou moins usités, plus ou moins compliqués.

DES TERMES ET EXPRESSIONS TECHNIQUES (1).

« La comptabilité, pour la facilité plus grande de
« ses applications, a adopté un certain nombre d'ex-
« pressions, bizarres de prime abord, mais consacrées
« invariablement par l'usage, qui permettent de for-
« muler les écritures avec une concision infinie, sans
« rien ôter à leur clarté.

« Ainsi deux mots bien simples,

Débit   **Crédit**

____

(1) Les paragraphes compris entre guillemets sont extraits des *éléments de comptabilité rurale* de M. Amand Malo.

2

« constituent la base fondamentale de toute compta-
« bilité. Leurs analogues :

Doit.
Débiteur.
Avoir.
Créditeur.

« remplissent, dans les livres, les mêmes fonctions.

« En thèse générale, on *débite* toujours celui à
« qui l'on remet une valeur quelconque, c'est-à-dire
« qu'on le constitue *débiteur* de ce qu'on lui a livré,
« payé ou vendu. Cette qualité de *débiteur* s'exprime
« sur les registres par le mot *doit* précédé ou suivi
« du nom de la partie prenante.

« A son tour, celui de qui on a reçu une valeur
« quelconque (commercialement parlant) devient *cré-*
« *diteur* pour nous et sur nos livres. Nous devons le
« créditer de l'objet qu'il a fourni, et le mot *avoir*,
« avant ou après son nom, exprime positivement sa
« qualité de *créancier*.

« Le mot *créditeur* est l'expression adoptée dans le
« langage de la comptabilité; on l'emploie de préfé-
« rence à celle de *créancier*, d'autant qu'il offre la
« contre-partie parfaite du mot *débiteur*.

« Consigner sur le journal, par ordre de date et
« au fur et à mesure qu'elles s'effectuent, toutes les
« opérations d'un commerce ou d'une industrie, c'est
« ce qu'on appelle *tenir un journal*, le *mettre au cou-*
« *rant*, y *porter des articles*, y *passer des écritures*.

« Transporter, une par une, du journal où elles se
« trouvent inscrites pour la première fois, ces écritu-
« res sur le registre nommé grand livre, cela s'appelle
« *reporter* les articles ou écritures au grand livre, les
« *mettre à jour* sur le grand livre.

« Inscrire sur une page de ce grand livre tous les
« articles qui concernent une personne ou une spécu-
« lation quelconque, c'est ce qu'on appelle *porter en*
« *compte*.

« On *ouvre un compte*, lorsqu'on crée sur le grand
« livre un compte nouveau.

« *Relever un compte*, c'est transcrire à part, sur une
« feuille de papier ou facture, tous les détails qui
« figurent tant au crédit qu'au débit du compte en
« question.

« *Régler* ou *apurer un compte*, c'est en faire la ré-
« gularisation, soit en payant la différence qui existe,
« soit en fournissant, pour *solde*, un ou plusieurs
« objets d'une valeur convenue. Alors, la somme du
« débit devient égale à celle du crédit et *vice versâ* ;
« on peut ensuite clore *le compte* ou *le balancer*, puis-
« que le solde (ou la différence existante) a été fourni
« de commun accord.

« On *arrête un compte*, ou on *fait un arrêt de compte*,
« toutes les fois qu'on désire connaître le montant de
« la somme qu'on doit à une personne, ou qu'elle
« peut nous devoir pour solde. Cette opération précède
« ordinairement celle qui a pour objet la régularisa-
« tion de ce compte.

« On *ouvre des livres*, lorsqu'on fait usage de re-
« gistres nouveaux ; on *tient des livres*, chaque fois
« qu'on passe des écritures et qu'on les reporte aux
« titres ou comptes qu'elles concernent. »

On appelle *livres*, les registres de différents formats dont on fait usage dans la comptabilité.

On appelle *libellé* d'un article, la rédaction de cet
article : cette rédaction doit toujours être claire et
concise ; elle ne comporte que les détails indispensables
à l'intelligence du fait.

Folioter, c'est écrire les numéros des pages des
registres. Comme nous le verrons, tous les livres ne
se foliotent pas de la même manière.

DES REGISTRES.

« Les registres ou livres de comptabilité sont divisés
« en deux classes.

« Ceux de la première sont dits *principaux*.

« Ceux de la seconde, dits *auxiliaires*.

« Les premiers se rencontrent dans tous les comp-
« toirs, dans toutes les industries; ils sont *indispen-
« sables*. Quelquefois on les remplace par des regis-
« tres autrement disposés, mais qui n'en sont pas
« moins toujours appelés à remplir le même but.

« Les seconds, non moins utiles puisqu'ils concou-
« rent à la confection des précédents, sont de diverses
« natures et varient à l'infini ; néanmoins, ils n'exis-
« tent pas partout. Ces livres *auxiliaires* sont une
« filière préparatoire par laquelle on fait passer tout
« ce qu'on devra, plus tard, inscrire sur les livres
« *principaux*.

LIVRES PRINCIPAUX OU ESSENTIELS.

« Ils sont au nombre de deux : le *journal* et le *grand*
« *livre*.

« Nous n'énoncerons ici que leur destination spé-
« ciale; plus loin, nous dirons de quelle manière ces
« deux registres doivent être tenus.

« Il en sera de même des *livres auxiliaires*.

Journal.

« Le journal est un registre qui offre, jour par
« jour, toutes les opérations du cultivateur, rédigées
« avec concision et surtout avec clarté. Ces écritures,
« dont on puise tous les éléments dans les *livres auxi-*

« *liaires*, par suite du dépouillement exact de tous
« les renseignements qu'ils contiennent, représentent
« fidèlement tous les mouvements et transformations
« de valeurs qui se sont opérés dans les nombreux
« objets qui constituent le *capital* ou l'*avoir* du culti-
« vateur.

« Ce journal constate donc exactement tous les
« faits qui s'accomplissent au sein de son exploitation,
« faits qui tendent, tous ensemble ou chacun isolé-
« ment, à modifier, avec plus ou moins de profit, les
« valeurs qui composent sa fortune.

« Ainsi, par exemple, les fourrages et les grains
« consommés par les animaux de la ferme, les produits
« que ceux-ci donnent en retour (lait, beurre, laine,
« viande, élèves), et qui sont vendus ensuite, les transac-
« tions opérées, les travaux qu'on exécute, les récol-
« tes que produisent les terres, les frais nombreux
« que nécessite la culture, etc., etc. Voilà tout autant
« de faits à enregistrer, de modifications diverses à
« constater. Ces faits, ces transformations, survenant
« chaque jour dans l'industrie agricole, sont religieu-
« sement consignés sur des livres spéciaux ; de là,
« comme nous l'avons dit, on les puise pour les
« transporter, par ordre de dates, sur le *journal*, où
« ils reçoivent alors les formules de rédaction consa-
« crées par l'usage. Du journal on les consigne ensuite
« sur le grand livre. C'est ainsi qu'à la fin de chaque
« exercice cultural, ils servent à établir l'*état de situa-
« tion* ou *bilan* de l'exploitant, et que celui-ci peut
« définitivement apprécier les résultats plus ou moins
« avantageux de son travail et de ses avances pécu-
« niaires. Ces résultats sont de deux natures : fruc-
« tueux ou nuisibles, c'est-à-dire qu'il doit surgir
« inévitablement, de l'ensemble de toutes les opé-
« rations, une certaine somme de bénéfice ou de perte.

2.

« Ainsi nous définissons, pour conclure, le *journal*,
« un livre destiné à recevoir, par ordre de dates, le
« résumé complet de toutes les opérations agricoles
« et commerciales du cultivateur ; à lui offrir, réunis,
« tous les éléments de sa comptabilité. Ce livre est le
« plus sûr guide pour l'éclairer, l'instruire, et proté-
« ger ses plus chers intérêts. »

Grand livre.

« Ce registre est, pour ainsi dire, une seconde
« édition du journal ; seulement les articles y sont
« disposés dans un ordre tout différent. Les écritures
« enregistrées primitivement sur le journal, par série
« de dates, le sont sur le grand livre, par ordre de
« matières. Cette classification, que nous étudierons
« plus tard, présente l'incontestable avantage de grou-
« per méthodiquement, sous des titres spéciaux ou-
« verts sur les feuillets séparés du registre, tous les
« renseignements de même nature, tous les faits de
« même espèce. Les résultats que l'on se trouve
« obtenir, par suite du dépouillement des comptes,
« facilitent au cultivateur l'étude des diverses branches
« de son exploitation, et lui permettent de reconnaître
« ses dettes, ses créances, ses profits, ses pertes, en
« un mot, tous les vices et tous les besoins de son
« exploitation.
« Les écritures qui sont transportées du journal au
« *grand livre*, par suite de la mise au courant rigou-
« reuse des registres, exigent bien moins de détails
« que lorsqu'on les confectionne, de toutes pièces,
« pour la première fois.
« Le résumé concis de l'*écriture* ou *article* à enre-
« gistrer au *grand livre* suffit d'ordinaire ; lorsqu'on
« a besoin de se rappeler les détails de l'opération

« qui a eu lieu, alors on a recours au journal, qui
« donne tous les renseignements nécessaires.

« Cette concision que nous demandons dans le
« *report* (ou inscription) des écritures au *grand livre*,
« doit être néanmoins tellement claire, qu'on puisse
« se rappeler, sans recherches ultérieures, tous les
« motifs de l'opération qui a donné lieu à l'écriture.

« Bien que le *grand livre* ne soit que l'extrait
« fidèle du journal, il n'en est pas moins l'*âme* de la
« comptabilité, vu l'importance des fonctions qu'il
« remplit.

LIVRES AUXILIAIRES.

« Ces livres, autrement dits préparatoires, sont
« plus ou moins nombreux; ils varient à l'infini; quel-
« ques-uns d'entre eux sont indispensables au culti-
« vateur, et l'aident infiniment dans la rédaction de
« ses écritures. Les autres, d'un intérêt secondaire,
« lui servent à titre de renseignement ou de contrôle.
« En général, les livres auxiliaires ne doivent être
« établis qu'en cas de besoins bien reconnus; car ils
« demandent assez de temps pour être tenus constam-
« ment à jour.

« Les livres auxiliaires les plus importants en agri-
« culture sont :

Le livre de caisse,
Le livre d'entrées et de sorties,
Le livre des travaux,
Le brouillard ou main-courante.

« Le cultivateur peut très-bien se passer des livres
« auxiliaires ou *accessoires*, connus, dans la comptabi-
« lité commerciale ou industrielle, sous les noms
« d'*effets à recevoir* ou *traites et remises*, d'*effets à*

« *payer*, de *copie de lettres* ou livre de correspon-
« dance.

Livre de caisse.

« Le livre de caisse est un registre indispensable.
« Il a pour but de consigner, par ordre de dates, et
« au fur et à mesure qu'on les effectue, les recettes
« et dépenses, même les plus minimes, qui ont lieu
« dans une exploitation.
« Ce registre doit être tenu avec une scrupuleuse
« exactitude, afin d'éviter toute erreur. Le chef de la
« maison en est ordinairement chargé. Les moyens de
« vérification sont faciles, car il ne s'agit que d'addi-
« tionner séparément les totaux des recettes et ceux
« des dépenses, et d'ajouter ensuite à la somme pro-
« duite par ces derniers, l'appoint (argent) plus ou
« moins considérable qui reste entre les mains, c'est-
« à-dire dans la caisse. Il faut, de toute nécessité,
« qu'on trouve alors une somme égale de part et
« d'autre.
« Les vérifications ou *arrêtés de compte* de la caisse
« peuvent se faire sur le registre, tous les soirs, ou
« chaque semaine, ou chaque mois seulement, suivant
« l'importance des opérations.
« Le moyen infaillible d'éviter toute erreur con-
« siste à inscrire invariablement, sur le registre de
« caisse, les articles de recettes ou de dépenses à
« l'instant même, quand on reçoit ou quand on paye.

Livre d'entrées et de sorties.

« C'est un registre plus ou moins volumineux,
« contenant des tableaux de spécialités différentes
« qu'on remplit, chaque jour, de chiffres ou d'obser-

« vations. Ce livre, lorsqu'il est régulièrement tenu,
« fournit d'excellents matériaux pour l'établissement
« de la comptabilité de la ferme. Il offre, de sa nature,
« trois divisions bien nettes :

1° Animaux ;
2° Magasins, greniers, granges, ménages ;
3° Cultures diverses et spéculations industrielles. »

Le livre d'entrées et de sorties peut aussi être appelé *livre de consommation*, *livre de cultures* et *magasins*. Nous entrerons plus tard dans tous les développements que comporte ce livre important, afin de faire
comprendre tous les services qu'il peut rendre dans
une exploitation rurale.

Livre des travaux.

« Ce livre est fort utile pour le cultivateur. Il est
« consacré à l'enregistrement quotidien des travaux
« effectués par les attelages (animaux et domestiques),
« par les tâcherons, par les journaliers. Il facilite le
« payement des salaires dus aux ouvriers, la réparti
« tion exacte, par espèce de culture, de tous les frais
« d'exploitation avancés par le fermier. »

On y consigne aussi les quantités de fumier fournies par les différentes espèces d'animaux.

Ce registre, bien tenu, fournit les documents nécessaires pour établir avec beaucoup d'exactitude les
différents comptes ouverts dans le livre de cultures
et magasins.

Ce livre nous met à même de répartir l'emploi du
temps des différents agents de l'exploitation et, par
suite, de dresser les comptes de nos différentes cultures, et d'arriver enfin au prix de revient des différents
produits récoltés.

Brouillard ou main-courante.

« Ce livre accessoire joue un grand rôle dans la
« comptabilité commerciale. En agriculture, il devient
« bien moins essentiel ; toutefois le recommanderons-
« nous encore : il a aussi son utilité.

« Ce registre, composé d'une ou deux mains de
« papier écolier, non réglé, n'est autre chose qu'un
« véritable brouillon sur lequel on inscrit, jour par
« jour, à la hâte, toutes les notes ayant rapport à la
« comptabilité ou à la culture ; tels sont : les ventes
« ou achats consentis, les marchés passés, les obser-
« vations recueillies, les changements de nourriture
« ou de rations pour les animaux, l'emploi du lait ou
« du beurre, la saillie des vaches ou des truies, les
« vêlages, etc., en un mot, une multitude de rensei-
« gnements qui devront servir à l'occasion. La ména-
« gère peut aisément, en l'absence du maître, y
« inscrire tous les faits divers, bons à noter. On sup-
« prime, plus tard, ceux qui feraient double emploi
« dans la comptabilité ; mais il serait fâcheux de les
« perdre entièrement de vue, sans un enregistrement
« provisoire.

« Quant aux autres livres auxiliaires que nous
« avons cités, ils sont le plus ordinairement fort inu-
« tiles en agriculture, aussi n'en dirons-nous que peu
« de mots.

« Le livre de *traites et remises*, appelé encore *livre*
« *d'effets à recevoir*, est affecté à l'enregistrement des
« valeurs souscrites par des personnes tierces à votre
« profit et souvent en votre nom. On y énonce les
« noms, adresses, dates et sommes portés sur les effets
« ou billets. On constate leur sortie, après y avoir
« attaché un numéro d'entrée, lors de leur inscription.

« Le livre de *billets à payer*, autrement dit : *livre*

« *d'effets à payer, livre d'échéances, carnet d'échéances,*
« est consacré à l'enregistrement des engagements
« (ou billets) que l'on souscrit, à des dates stipulées,
« en payement de dettes contractées. Les noms des
« bénéficiaires, les dates et les montants des billets,
« sont très-exactement inscrits sur ce livre. Chaque
« fois qu'un effet rentre, on en constate le payement
« dans une colonne réservée exprès.

« Le *copie de lettres* ou *livre de correspondance* est
« un registre affecté exclusivement à la transcription
« des lettres d'affaires qu'on écrit à ses correspon-
« dants. Ce livre existe dans tous les comptoirs de
« négociants et les bureaux des industriels. Il est
« aussi indispensable que les deux registres précé-
« dents, aux fabricants et commerçants. Le cultiva-
« teur, à moins qu'il n'ait des relations extérieures
« assez étendues, peut généralement s'en passer. Nos
« agriculteurs, maîtres de poste ou possesseurs
« d'usines quelconques, en font spécialement usage, à
« cause des lettres d'affaires qu'ils doivent journelle-
« ment écrire et conserver pour leur gouverne.

DES MÉTHODES.

« On a mûrement étudié les moyens de combiner
« à la fois la rédaction des écritures et la disposition
« des registres, de manière à en obtenir les résultats
« les plus avantageux. Alors se sont formées diverses
« *méthodes*, plus ou moins compliquées, qu'on peut,
« dans l'usage qu'on en fait, modifier sensiblement
« selon le genre d'industrie auquel on les applique. »
Les méthodes de comptabilité le plus généralement
en usage sont :

     1° La tenue des livres en partie simple ;
     2° La tenue des livres en partie double.

Tenue des livres en partie simple.

« La comptabilité *en partie simple* est fort répandue
« dans le commerce, surtout chez les marchands. Elle
« a principalement pour but de faire connaître les
« dettes actives et passives, c'est-à-dire les sommes
« qui nous sont dues et celles que nous pouvons devoir.
« Son application est simple, mais les résultats qu'elle
« donne offrent peu de garantie, car les erreurs com-
« mises involontairement sur les livres peuvent pas-
« ser inaperçues, sans contrôle possible.

« Les débiteurs et les créditeurs se présentent
« seuls, isolément ; ils sont inscrits sur les registres,
« à la suite les uns des autres et à mesure que les opé-
« rations les y appellent. »

Nous sommes convaincu que la comptabilité en
partie double est seule apte à donner toute la clarté
désirable aux opérations des cultivateurs ; mais comme
il est probable que beaucoup d'entre eux donneront
la priorité à la méthode la plus simple, nous allons
entrer dans tous les détails relatifs au journal et au
grand livre en partie simple. Nous ne doutons pas que,
plus tard, lorsqu'ils auront reconnu tous les avantages de la comptabilité, ils n'adoptent définitivement
la tenue des livres en partie double, car ils sentiront
combien l'autre laisse à désirer.

DU JOURNAL EN PARTIE SIMPLE.

La forme du journal est celle d'un volume in-folio,
réglé à quatre colonnes. Dans la première, à gauche,
on inscrit les folios du grand-livre où se trouvent les
comptes débités ou crédités ; la seconde est destinée
à recevoir le libellé de l'article, en d'autres termes, le

détail de l'opération ; la troisième et la quatrième, au haut desquelles on a écrit *francs, centimes,* sont affectées aux sommes.

Quand on ouvre le journal, c'est-à-dire quand on en fait usage pour la première fois, on commence par écrire, sur le recto de la première page, la date, le mois et l'année. Ainsi, on écrira, par exemple :

Journal commencé le 1ᵉʳ janvier 1849.

Chaque article doit contenir :

1° La *date* de l'opération, comprise entre deux barres d'égale longueur, tracées à l'encre;

2° Le *nom* et le *domicile* du *débiteur* ou du *créditeur,* précédés des mots *doit* ou *avoir*;

3° La somme immédiatement après le débiteur ou le créancier;

4° Le libellé de l'article qui explique la quantité et la qualité des marchandises, avec le prix et la manière dont l'action est payable;

5° La somme en francs et centimes, que l'on inscrit dans les colonnes affectées à cet usage.

Le mois et l'année sont répétés sur chaque folio du journal.

Lorsque plusieurs opérations ont eu lieu dans la même journée, on ne répète pas la date à chaque article; on inscrit une seule fois la date, et aux articles suivants on met simplement *dito,* que l'on comprend également entre deux barres.

Chaque folio du journal porte un numéro d'ordre qui augmente d'une unité à chaque page.

Les mots *doit* et *avoir,* ainsi que les noms des *débiteurs* et *créditeurs,* s'écrivent en gros caractère; le détail de l'opération s'écrit en caractère ordinaire.

Au bas de chaque folio, on fait le total des différentes sommes contenues dans la troisième et la quatrième colonnes, et sur la gauche on écrit : *transport*. On reporte le total au haut de la page suivante, en ayant soin de le faire précéder du mot : *report*.

Pour trouver le débiteur ou le créditeur d'un article que l'on veut porter au journal, on peut se régler sur les principes suivants :

Celui à qui vous vendez des marchandises et qui les paye sur-le-champ soit en espèces, soit en marchandises, soit en billets, est d'abord *débiteur* pour la valeur qu'il reçoit, puis il devient *créditeur* pour les valeurs qu'il fournit. Il faut donc le *débiter* dans un premier article et le *créditer* dans un second.

Si vous fournissez des marchandises à quelqu'un et qu'il ne les paye pas sur-le-champ, il est *débiteur*, et doit être *débité*.

Celui à qui vous prêtez de l'argent, ou pour qui vous payez une somme est *débiteur*, et doit être *débité*. Il en sera évidemment de même si, au lieu d'argent, vous fournissez des billets.

Celui qui tire sur vous ou par votre ordre, sur un de vos correspondants, est *débiteur*, et doit être *débité*; le contraire a lieu quand vous tirez ou quand vous faites tirer sur quelqu'un.

En résumé, celui qui reçoit est toujours *débiteur*, celui qui donne, *créditeur*. Il faut donc avoir soin, quand on veut opérer le transport d'un article au journal, de se poser ces questions bien simples : *Qui est-ce qui donne? Qui est-ce qui fournit? Qui est-ce qui reçoit?* — Là gît toute la difficulté, et il suffit de quelque habitude pour obtenir promptement cette solution.

Sur le journal en partie simple, dans le commerce, on ne porte ordinairement que les affaires à terme;

les opérations au comptant, les ventes, les dépenses, le payement des billets n'y figurent pas, quoique cependant la loi soit formelle à cet égard (1). Le cultivateur consignera toutes ses opérations sur le journal, avec d'autant plus de raison qu'il n'a que faire d'une foule de livres auxiliaires qui peuvent être très-utiles au commerce, mais n'ont que peu d'intérêt pour lui.

EXERCICES.

Premier janvier. — Nous versons aujourd'hui en caisse une somme de 4,000 francs pour commencer nos opérations.

Qui est-ce qui reçoit? La caisse. Elle doit donc être *débitée.*

Le même jour, nous livrons à Pierre, de Louvain, 30 hectolitres de blé, à 20 fr. l'un.

Qui est-ce qui reçoit les 30 hectolitres de blé? Pierre. Il doit donc être *débité.*

Le même jour, nous recevons le mémoire de Jean, bourrelier, à Louvain, pour objets de harnachement livrés pendant l'année.

Ce mémoire constate évidemment que nous avons

(1) Voici ce que prescrit l'art. 3 du code de commerce relativement au journal :

« Tout commerçant est tenu d'avoir un livre-journal, qui présente, « jour par jour, ses dettes actives et passives, les opérations de son « commerce, ses négociations, acceptations ou endossements d'effets, et « généralement tout ce qu'il reçoit et paye, à quelque titre que ce soit, « et qui énonce, mois par mois, les sommes employées à la dépense de « sa maison : le tout indépendamment des autres livres usités dans le « commerce, *mais qui ne sont pas indispensables*

Selon les art. 10 et 11 du même code, le journal sera tenu par ordre de dates sans blancs, lacunes, ni transport en marge. Il sera, en outre, coté, paraphé et visé soit par un des juges du tribunal de commerce, soit par le bourgmestre ou un adjoint, dans la forme ordinaire, et sans frais. Le commerçant sera tenu de conserver ce livre pendant dix ans.

reçu différents objets qui nous ont été fournis par Jean. Dans cet article, c'est Jean qui donne, il doit donc être *crédité*.

Le 2 janvier, nous vendons au marché deux cents œufs à 5 francs le cent, et ils nous sont payés comptant.

Dans cette opération, qui est-ce qui reçoit? C'est la caisse. Elle doit donc être débitée de la somme qui y entre.

Le même jour, Pierre, de Louvain, nous envoie son billet à notre ordre, pour solde des 30 hectolitres de blé à lui livrés, le premier courant.

Par la remise de ce billet, Pierre solde son compte. Nous l'avions précédemment débité pour les denrées que nous lui avions livrées : aujourd'hui il acquitte sa dette, c'est lui qui fournit, il doit donc être crédité.

Le 3 janvier, nous prenons dans la caisse une somme de 40 francs pour acquitter diverses dépenses de ménage.

Ici, qui est-ce qui fournit? C'est la caisse. Elle doit donc être créditée de la somme qui en sort.

A la même date, nous achetons à Paul, de Malines, 100 hectolitres d'avoine à 8 francs, et nous le payons en espèces.

Paul fournit 100 hectolitres d'avoine, il faut donc le créditer.

L'ayant payé en espèces, nous avons soldé son compte, et comme la caisse a dû donner cette somme, nous passerons un nouvel article où nous *créditerons* la caisse. Puis, dans un troisième article, nous *débiterons* Paul pour la valeur qu'il reçoit.

ÉCRITURES PASSÉES SUR LE JOURNAL EN PARTIE SIMPLE.

Journal commencé le 1ᵉʳ janvier 1849.

Folio 1.

	1 Janvier		
2	Doit PIERRE, de Louvain, fr. 600, pour 30 hectolitres de blé, à 20 fr. l'hectolitre.	600	»
	dito		
1	Doit CAISSE fr. 4,000, pour versement fait ce jour.	4,000	»
	dito		
3	Avoir JEAN, bourrelier à Louvain, fr. 500 s/mémoire d'objets de harnachement livrés pendant l'année.	500	»
	2		
1	Doit CAISSE fr. 10, pour vente de 200 œufs, à 5 fr. le º/₀.	10	»
	dito		
2	Avoir PIERRE, de Louvain, fr. 600, s/billet à n/o pour solde de tout compte.	600	»
	3		
1	Avoir CAISSE fr. 40, pour diverses dépenses de ménage.	40	»
	dito		
4	Avoir PAUL, de Malines, fr. 800, pour 100 hectolitres avoine à 8 fr. l'hectolitre à nous vendue ce jour.	800	»
	dito		
1	Avoir CAISSE fr. 800, pour payement de 100 hectolitres avoine à 8 fr. l'hectolitre, à Paul, de Malines.	800	»
	dito		
4	Doit PAUL., de Malines, fr. 800, pour payement de 100 hectolitres avoine à 8 fr. l'hectolitre, par lui vendue.	800	»

Du grand livre en partie simple.

Le grand livre a aussi été appelé livre des *comptes courants*, comme nous l'avons dit précédemment. Sur ce registre, on ouvre un compte séparé à chaque sujet débité ou crédité au journal, afin de voir d'un coup d'œil quelle est la situation.

La forme du grand livre est celle d'un volume in-folio d'une grosseur proportionnée au journal.

Il se tient à *livre ouvert*, c'est-à-dire que chaque compte se dresse sur deux folios en regard, marqués du même numéro.

Chaque compte se divise par *débit* et par *crédit*.

A l'extrémité gauche de la page gauche, on écrit en caractère un peu fort le mot Doir; à l'extrémité droite de la page droite, le mot Avoir; et entre ces mots le nom du compte.

Au-dessous de ce titre, on tire une ligne un peu apparente, et au-dessous de cette ligne, on établit le compte courant dans six colonnes qui sont tracées, à cet effet, tant du côté du *doit* que du côté de l'*avoir*.

La première à gauche, tant au *doit* qu'à l'*avoir*, reçoit l'année et le mois ;

Dans la deuxième, on inscrit la date ;

Dans la troisième, qui est large, l'exposé de l'opération, en termes clairs et concis, pour que le tout, autant que possible, tienne sur une seule ligne ;

La quatrième est destinée aux folios du journal ;

La cinquième, aux francs ;

La sixième, aux centimes.

TRANSPORT DES ARTICLES DU JOURNAL SUR LE GRAND LIVRE.

La méthode pour rédiger les articles du journal sur le grand livre consiste à *débiter* ou à *créditer*. Et en effet, puisque tous les comptes du grand livre sont extraits du journal, on aura soin de porter à gauche, au débit du compte de chaque sujet, les sommes dont il est débité au journal; et au crédit de ce même compte à droite, les sommes dont il y est crédité.

D'où il suit qu'il est facile à l'industriel de connaître sa situation à l'égard des personnes avec lesquelles il est en rapport d'affaires; il n'a qu'à ouvrir leur compte au grand livre.

En comparant le total du débit à celui du crédit, il saura ce qu'il doit à chacun et ce que chacun lui doit, et il s'épargnera ainsi des recherches longues et fastidieuses qu'il devrait faire s'il se bornait à un journal, tout en évitant des omissions importantes.

Quand on a transporté un article du journal au grand livre, il faut avoir soin de placer un point (.) après le numéro du journal indiquant le folio du grand livre. Cette opération s'appelle *pointer*, et indique que le transport a eu lieu.

Folio 1.

𝔇oit   CAISSE.

Année et mois.	Date du mois.		Folio du journal.	Francs.	Centimes.
1849 Janvier	1	Versement p/commencer nos opérations.	1	4,000	»
»	2	Vente de 200 œufs.	1	10	»

Fol. 2.

𝔇oit   PIERRE, de

1849 Janvier	1	Pour vente à lui faite de 30 hectolitres de blé.	1	600	»

Fol. 3.

𝔇oit   JEAN, bourrelier,

1849					

Fol. 4.

𝔇oit   PAUL, de

1849 Janvier	3	Payement à lui fait de 100 hectolitres avoine.	1	800	»

LIVRE EN PARTIE SIMPLE.

CAISSE.

Folio 1.
𝕬𝖛𝖔𝖎𝖗

1849 Janvier	3	Diverses dépenses de ménage.	1	40	»
»	3	Achat de 100 hectolitres avoine.	1	800	»

Fol. 2.
𝕬𝖛𝖔𝖎𝖗

Louvain.

1849 Janvier	2	S/b à n/o p/solde.	1	600	»

Fol. 3.
𝕬𝖛𝖔𝖎𝖗

de Louvain.

1849 Janvier	1	S/ms pour harnais.	1	500	»

Fol. 4.
𝕬𝖛𝖔𝖎𝖗

Malines.

1849 Janvier	3	Achat à lui fait de 100 hectolitres avoine.	1	800	»

Livre de caisse.

Pour tenir les livres de la manière la plus simple, on peut présenter les recettes et les dépenses sur une seule page, en consacrant à chacune de celles-ci une colonne spéciale.

Toutes les sommes que l'on reçoit et toutes celles qui sortent y sont inscrites dans leur colonne respective.

La vérification de ce livre est excessivement simple : on additionne séparément la colonne des recettes et celle des dépenses, et l'on prend la différence, que l'on porte dans la somme des payements, pour établir la balance.

Si l'on n'a pas commis d'erreur, cette différence doit se retrouver en valeur dans la caisse, et on l'écrit sous la date du premier du mois suivant, avec la désignation de *fonds en caisse*.

Voici la disposition que peut affecter ce livre.

MODÈLE D'UN LIVRE DE CAISSE.

184		LIBELLÉ DES OPÉRATIONS.		SOMMES ENTRÉES.		SOMMES SORTIES.	
Janvier	1	Versement p/commencer nos opérations.	1	4,000	»		
	2	Vente de 200 œufs	1	10	»		
	3	Dépenses de ménage . .	1			40	»
	3	Achat de 100 hectolitres avoine.	1			800	»
		Pour balance ou argent en caisse				3,170	»
				4,010	»	4,010	»
Février	1	Fonds en caisse		3,170	»		

Dans la première colonne à gauche, on inscrit le mois;

La deuxième reçoit la date du mois;

La troisième, le détail des opérations;

La quatrième indique le folio du journal où l'opération se trouve consignée;

Dans la cinquième on inscrit toutes les recettes, toutes les sommes qui entrent;

Dans la sixième, les dépenses, les payements, enfin toutes les sommes qui sortent.

De la balance de vérification.

Il est essentiel de s'assurer, tous les trimestres ou tous les mois, si le report des articles du journal au grand livre a été fait avec exactitude, ou s'il n'y a pas d'erreur de chiffres. A cet effet, on établit le total de toutes les sommes inscrites au journal, et celui de toutes les sommes figurant tant au débit qu'au crédit du grand livre. Ces deux totaux ne doivent présenter aucune différence, car chaque article du journal est inscrit soit au débit, soit au crédit du grand livre.

Si cette égalité n'existe pas, il y a erreur dans l'un de ces livres, et l'on peut vérifier rapidement si la différence trouvée ne répond pas à une somme inscrite quelque part au journal, ce qui indiquerait, probablement, que l'erreur provient d'un défaut d'inscription au grand livre, ou d'une inscription double. Si la différence ne répond à aucune somme du journal, on inspecte attentivement chaque article de ce dernier livre, et on la recherche au grand livre, en portant principalement son attention sur les sommes. Cette opération s'appelle *balance de vérification*.

De la balance générale des comptes.

Balancer un compte, c'est rendre le total du débit égal à celui du crédit, en ajoutant au total le plus faible la différence qui doit l'égaler à l'autre.

La balance générale des comptes a pour objet de faire connaître à l'industriel, avec certitude et précision, le résultat de ses entreprises; elle lui montre sa situation présente, ses dettes actives et passives.

A la fin de chaque année on fait la *balance* de chaque individu, c'est-à-dire qu'après avoir fait l'addition dans chaque colonne du *doit* et de l'*avoir*, on fait la soustraction. Si le *doit* excède l'*avoir*, on ajoute la différence par *balance* à l'*avoir*, ce qui signifie qu'on nous doit cette somme. Si c'est, au contraire, l'*avoir* qui excède le *doit*, alors on porte cette différence par balance au *doit*, ce qui indique que nous sommes débiteur de cette somme.

Lorsque l'on a balancé tous les comptes du grand livre, on connaît la situation à l'égard de ses débiteurs et de ses créditeurs, ainsi que l'état de la caisse.

Cette opération terminée, on procède à *l'inventaire*, c'est-à-dire que l'on estime en argent toutes les valeurs que possède le cultivateur, et qu'il consacre à l'exploitation de ses terres. L'inventaire fait connaître à l'industriel toutes les valeurs actives qui sont en sa possession. Ce relevé doit être fait avec la plus scrupuleuse attention, avant même de commencer les opérations.

Le plus souvent, non-seulement les valeurs actives, mais aussi les valeurs passives figurent à l'inventaire. Celui-ci prend alors le nom d'*état de situation*, ou de *bilan*. On le dispose sous deux colonnes, l'une reçoit l'actif et l'autre le passif; en faisant la différence, l'excédant du *doit* nous indique notre *capital net*, celui dont nous pouvons disposer pour recommencer nos opérations. Si le passif excédait l'actif, les affaires du cultivateur seraient dans une position fâcheuse.

La *réouverture de nouveaux comptes* ne présente pas la moindre difficulté : il n'y a qu'à copier à la suite du journal, par *doit* et *avoir*, le compte de caisse et les comptes personnels, tels qu'ils se trouvent dans la balance, et qu'à porter, au débit de chaque compte du grand livre, la différence qui a été inscrite au crédit, et au crédit, la différence portée au débit lors de la balance, en inscrivant pour libellé : *à nouveau*, et pour date, le jour où l'on recommence les écritures.

TENUE DES LIVRES EN PARTIE DOUBLE.

La comptabilité en partie double est la méthode la plus sûre, la plus exacte, la plus instructive et la plus claire que l'on puisse employer.

La théorie de cette méthode repose sur la nature même des transactions; en effet, dans toute opération commerciale, il y a toujours deux parties qui contractent : l'une reçoit, l'autre fournit; là où il y a un débiteur, on doit nécessairement trouver un créancier. Ainsi donc dans la tenue des livres en partie double, chaque article traduit parfaitement l'action accomplie; elle présente le débiteur et le créditeur; c'est ce qui différencie cette méthode de la précédente, où chaque article ne contient qu'un *seul débiteur*, ou qu'un *seul créditeur*, et c'est aussi ce qui lui a fait donner le nom de *partie double*.

La comptabilité en *partie double* offre des avantages

incontestables sur celle en partie simple, elle met l'industriel à même de voir chaque jour :

Ses dettes et ses créances ;

Ses pertes et ses bénéfices.

Elle lui permet de suivre journellement les mutations qui s'opèrent dans son capital, et d'apprécier rapidement et dans les plus grands détails tous les résultats ainsi que les moindres particularités de chaque genre, de chaque espèce d'opération ou de compte.

Un autre avantage fort important, c'est qu'elle prévient ou signale les erreurs de chiffres, de report ou d'addition.

Cette méthode fournit à celui qui en fait usage la faculté de connaître parfaitement sa situation, et d'établir son inventaire au moment où il le juge à propos.

Un grave inconvénient de la partie simple, c'est de ne pas fournir le moyen de reconnaître si les articles du journal sont mal transportés au grand livre. Il est cependant essentiel d'avoir des moyens de vérification, car les erreurs se glissent facilement ; ainsi, il peut très-bien se faire qu'un individu débité au journal soit crédité au grand livre, et réciproquement. Dans la partie double, au contraire, tous les livres ouverts sont continuellement tenus en *balance* ; la somme des débits doit toujours être égale à la somme de tous les crédits ; on arrive à ce résultat par le double report des articles du journal au grand livre, et de la sorte les erreurs doivent toujours être accusées par la différence entre les totaux.

Comptes intermédiaires introduits dans la partie double.

Si l'on s'était borné à faire intervenir le nom du commerçant ou de l'industriel dans les articles du journal afin de présenter toujours deux parties, l'utilité de cette introduction eût été fort contestable, mais il est bon de dire tout d'abord que jamais l'industriel ne figure en son propre nom dans aucune transaction.

Au moyen d'une ingénieuse convention, on lui a donné partout des équivalents. Dans la partie double on a ouvert des comptes à *toute espèce de valeurs*, aux *animaux*, au *blé*, aux *pièces de terre*, etc. C'est-à-dire que non-seulement il y a des comptes pour les *personnes*, mais encore pour les *choses*.

Si on laissait subsister le nom du chef de l'exploitation, qui est toujours une des parties contractantes dans les affaires, dans les écritures, on multiplierait de beaucoup celles-ci, mais on ne leur donnerait pas plus de clarté ni de précision.

Au moyen des intermédiaires fictifs qui correspondent toujours à une subdivision du capital et le représentent continuellement, on a fait cesser cette confusion. On a adopté des noms différents selon la nature des affaires, et de cette manière, les opérations se trouvent classées.

Ainsi donc, en résumé, ces intermédiaires ne sont que des subdivisions du compte personnel de l'exploitant, qui ont pour but de classer les affaires selon leur *nature* et de fournir les moyens de suivre tous les mouvements des valeurs sur lesquelles on opère.

En agriculture, ces intermédiaires sont au nombre de six, et sont compris, comme dans le commerce, sous le nom de *comptes généraux*. Les voici : le compte *capital*, le compte *caisse*, le compte d'*effets à payer*, le compte d'*effets à recevoir*, le compte *exploitation*, et le compte *pertes et profits*. Dans la comptabilité commerciale, au lieu du compte *exploitation*, on a le compte de *marchandises générales*.

Le compte *capital* sert à déterminer la fortune du chef de l'exploitation ; il doit être crédité de la somme totale portée à l'inventaire, comme représentant fictivement le cultivateur et toute sa fortune personnelle. Toutes les pertes que celui-ci éprouve sont portées au débit de ce compte, qui est destiné à recevoir le solde ou balance du compte *pertes et profits*. Si le total des pertes éprouvées excède celui des profits, on le débite de la différence ; si l'inverse a lieu, on le crédite. On solde le compte *capital* par balance de sortie.

Le compte *caisse* prend à son débit les sommes que nous destinons au roulement de l'exploitation et les recettes opérées, et à son crédit toutes les sommes déboursées.

Le compte d'*effets à recevoir* consigne au fur et à mesure la provenance et l'emploi des traites, billets ou remises que le cultivateur reçoit de ses débiteurs.

Le compte d'*effets à payer* reproduit, sitôt leur création, tous les engagements qu'il souscrit en faveur de ses créanciers ; chaque fois qu'un de ses billets rentre par suite de payement, le compte d'*effets à payer* en est débité par le crédit de la caisse.

Le compte *exploitation* comprend toutes nos spéculations, toutes nos cultures ; il doit nécessairement être débité de toutes les dépenses qu'elles occasionnent et crédité de tous les produits qu'elles fournissent à la vente ou à la consommation.

Le compte *pertes et profits* reçoit à son débit toutes les pertes qui se sont produites pendant l'exercice ; et à son crédit, tous les bénéfices réalisés dans le même laps de temps.

Les comptes personnels de la partie double sont les mêmes que ceux de la partie simple, et ceux dont nous venons de parler ne sont que des divisions personnifiées du compte de l'industriel ; il est donc facile de comprendre que pour *débiter* et *créditer* les comptes de la partie double, il suffit d'appliquer à ces comptes le même principe que celui appliqué aux personnes : débiter tout compte qui reçoit ou est censé recevoir, et créditer tout compte qui donne ou est censé donner.

Jusqu'ici nous n'avons eu affaire qu'à des personnes étrangères ; dans la partie double, nous pourrons avoir à passer des articles dans lesquels figureront seuls nos comptes généraux ou bien des personnes étrangères exclusivement. Il peut donc se présenter des articles : 1° *entre nous et nos correspondants* ; 2° *entre nos comptes généraux* ; 3° *entre nos correspondants.*

Le troisième cas seul demande quelques explications, les autres se conçoivent fort facilement. Nous avons acheté à François, de Bruxelles, un cheval pour une somme de 500 francs que nous n'avons pas payée et dont nous l'avons crédité. Nous vendons à Pierre, de la même ville, de l'avoine pour une somme égale, c'est-à-dire pour 500 francs. Ne pouvons-nous pas charger Pierre de remettre à François cette somme de 500 francs ? Par cette transaction, dont nous devons tenir compte dans nos écritures, nous nous libérons à l'égard de François et nous donnons quittance à Pierre. Lorsque nous avons acheté le cheval, nous avons *crédité* François ; en vendant l'avoine, nous avons *débité* Pierre, et en passant la dernière écriture *François doit à Pierre*, nous soldons les deux comptes ouverts à notre grand livre, car nous *débitons* François et nous *créditons* Pierre.

CLOTURE DES LIVRES.

« Parvenu à la fin de l'année, il faut obtenir le

4.

« résultat des livres qu'on a tenus et en tirer le
« résumé, appelé *bilan* ou *état de situation.*

De la balance générale.

« On la fait tous les ans.
« Cette opération, la plus essentielle de la tenue
« des livres, est nommée *balance générale*, parce que
« pour l'opérer on balance généralement tous les
« comptes.
« Elle a pour objet : 1° de faire connaître le béné-
« fice net, ou la perte de l'année; 2° de déterminer
« le bilan, d'après les livres et avec contrôle.

Préparations nécessaires avant de commencer la balance générale.

« Pour déterminer le solde d'un compte, il faut
« nécessairement avoir fait l'addition du débit de ce
« compte et aussi celle du crédit.
« On doit donc, avant de se livrer à la balance
« générale, avoir opéré la *balance de vérification*,
« qui consiste en additions de tous les débits et de
« tous les crédits ouverts, afin de s'assurer que le
« montant de tous ces débits est égal au montant de
« tous les crédits.
« On place alors sur une *feuille séparée* tous ces
« montants à la suite les uns des autres, en laissant
« entre eux quelque distance pour figurer à peu près
« le grand livre, et de manière à pouvoir écrire les
« soldes dans l'intervalle, comme on le ferait sur ce
« registre.
« Ces préparations terminées, on balance succes-
« sivement tous les comptes sur cette feuille, qui
« n'est pour ainsi dire qu'un brouillon du grand livre.

« Il faut aussi avoir fait avant tout l'inventaire des
« denrées qui restent dans le magasin, en les éva-
« luant au prix coûtant ou de revient, avoir estimé
« le mobilier, etc.

« Pour faire la balance générale, on ne fait usage
« que de deux comptes, de celui de pertes et profits
« et de celui d'inventaire de sortie.

« Le premier sert à solder les seuls comptes qui
« présentent bénéfices ou pertes, et le second sert à
« solder tous les autres.

Du compte de balance de sortie ou d'inventaire de sortie.

« Ce compte ne sert qu'à faire la balance générale
« des livres, c'est-à-dire à clore ou balancer tous les
« comptes ouverts au grand livre ; il réunit à son
« débit et à son crédit tous les soldes qui résultent
« de cette opération.

« Pour opérer la balance générale, on suppose
« qu'un individu, nommé *Balance de sortie*, prend la
« suite de nos affaires, qu'on lui livre par conséquent
« les denrées en magasin, l'argent de la caisse, en un
« mot tout l'actif. On suppose encore que la balance
« de sortie se charge également d'acquitter le passif,
« c'est-à-dire de payer les effets en circulation, les
« créanciers par compte ou les comptes créanciers,
« et de rembourser le capital ; d'où il suit qu'il
« faut débiter le compte balance de sortie : 1° des
« denrées ou valeurs qui restent en magasin ; 2° de
« l'argent en caisse ; 3° des effets en portefeuille ;
« 4° des soldes dus par les débiteurs, en un mot tout
« l'actif quel qu'il soit.

« Il faut le créditer : 1° des effets à payer en cir-
« culation ; 2° des soldes dus aux créanciers, en un

« mot de tout le passif quel qu'il soit ; 3° enfin, du
« solde du compte capital.

« Le compte de balance de sortie se trouve natu-
« rellement soldé par lui-même.

« Le compte balance de sortie doit être débité de
« toutes les valeurs composant l'actif du chef de l'ex-
« ploitation, au moment où l'on fait la balance géné-
« rale ; il doit être crédité de toutes les dettes figurant
« au passif, et du capital qui en résulte, de manière
« que ce compte présente en définitive le bilan, ou
« l'état de situation exact du négociant, au moment
« de la balance.

Du compte de balance d'entrée ou d'inventaire d'entrée.

« Ce compte, qui n'est, à vrai dire, que la contre-
« épreuve de l'inventaire de sortie, sert à *rouvrir* sur
« les livres tous les comptes que l'on vient de clore
« par inventaire de sortie.

« Pour cela on suppose qu'un *individu*, appelé
« *Inventaire d'entrée*, nous cède la suite de ses affaires ;
« supposition absolument inverse de celle admise à
« l'occasion de l'inventaire de sortie, et qui doit dès
« lors nous faire obtenir des résultats inverses.

« En un mot, il faut débiter *Inventaire d'entrée* de
« tous les articles dont *Iventaire de sortie* a été cré-
« dité, et réciproquement le créditer de ceux dont fut
« débité *Inventaire de sortie*.

« Le compte d'inventaire d'entrée se trouve donc
« naturellement soldé par lui-même, comme celui
« d'inventaire de sortie.

« Ainsi, les deux comptes de balance de sortie et
« d'entrée sont imaginés, le premier, pour clore les
« livres ou solder tous les comptes dont il réunit et
« présente les résultats, et le second, pour recom-

« mencer ces livres ou rouvrir de nouveaux comptes
« par les soldes provenant des anciens (1). »

Manière de solder les comptes du grand livre.

Parmi les comptes ouverts à notre grand livre, il
n'en est qu'un seul qui doive présenter des pertes ou
des bénéfices, c'est le compte *exploitation*, car c'est lui
qui nous représente pour toutes nos spéculations, et
ce n'est que par exception que les autres peuvent présenter des déficits ou des bénéfices.

Pour déterminer la perte ou le bénéfice offerts par
ce compte, il est nécessaire d'examiner comment son
débit s'est formé. Ici figurent des denrées, du mobilier, des animaux, objets dont la valeur doit être prise
en considération. Si ce compte ne présentait pas de
la sorte des valeurs matérielles, mais seulement des
frais, la différence entre le crédit et le débit consti-
tuerait les pertes ou les bénéfices. C'est ce qui aurait
lieu si, par exemple, nous prenions à loyer tout notre
mobilier et que toutes nos denrées fussent vendues à
la fin de l'exercice. Il n'en est point ainsi, mais nous
pouvons arriver au même résultat en retranchant du
débit du compte *exploitation* la valeur des objets matériels indiquée par l'estimation inventoriale. Le crédit de ce compte étant formé, on peut encore y porter
par le débit de balance de sortie la valeur des objets
matériels, au lieu de retrancher cette valeur de débit,
comme nous l'indiquions précédemment. On solde
ensuite par pertes et profits.

Le compte de *caisse* ne présente ni bénéfice ni perte, il
est donc balancé sans recourir au compte *pertes et pro-*

(1) Tous ces paragraphes compris entre guillemets sont extraits du
Traité de comptabilité agricole d'Edmond de Granges.

fits. Il faut seulement porter au crédit par le débit de *balance de sortie* les sommes qui restent en caisse.

Le compte d'*effets à payer* se solde sans le secours du compte *pertes et profits*, en portant au débit, par le crédit d'*inventaire de sortie*, le montant des effets qui restent à payer.

Le compte d'*effets à recevoir* est soldé en portant à son crédit, par le débit de balance de sortie, le montant des billets en portefeuille.

Le compte *capital* est débité des pertes que l'on éprouve parfois dans l'industrie, de même qu'on le crédite du bénéfice annuel décelé par le solde du compte *pertes et profits*.

Il est soldé par balance de sortie.

Le compte *pertes et profits* contient toutes les pertes et tous les bénéfices faits pendant l'exercice. La différence du débit et du crédit de ce compte est la variation définitive de notre capital pendant l'année écoulée, et nous la reporterons à ce dernier compte.

Le compte de *pertes et profits* sera donc soldé par le compte *capital*.

Parmi les *comptes personnels*, les uns se balancent naturellement, d'autres donnent des différences. Ce sont des sommes que l'on nous doit ou que nous devons, et que nous ferons sortir par *balance de sortie*, pour les faire reparaître par *balance d'entrée* dans les nouveaux comptes que nous ouvrirons à ces personnes.

Subdivisions des comptes généraux.

Au moyen des comptes généraux que nous venons d'établir, il ne nous est pas possible de nous éclairer sur la valeur respective des différentes branches de notre industrie. Ainsi le compte *exploitation* embrasse à la fois toutes nos spéculations animales et végétales, toutes nos fabrications.

Il peut certainement arriver que plusieurs de nos spéculations animales et végétales présentent habituellement des pertes, à cause d'une administration vicieuse, d'un mauvais choix, ou de circonstances locales, tandis que d'autres fournissent des bénéfices plus élevés que les pertes occasionnées par les premières. Qu'en résultera-t-il? Le compte *exploitation* offrant des bénéfices dont nous ignorons la source, il nous sera impossible de distinguer les branches qui sont onéreuses et devraient être supprimées ou modifiées, et nous serons naturellement portés à considérer nos opérations comme satisfaisantes.

De là découle nécessairement l'utilité de donner au compte *exploitation* autant de divisions qu'il y a de branches dont nous voulons connaître les résultats en particulier. On comprend aisément que le nombre de subdivisions n'est pas fixe : il dépend du but que l'on se propose d'atteindre.

Ces subdivisions du compte *exploitation* correspondent à celles qui, dans le commerce, sont établies pour le compte de *marchandises générales*; le négociant ouvre des comptes séparés à chaque espèce de marchandises, comme denrées coloniales, fer, houille, etc.

Ces subdivisions se créditent, se débitent, et se soldent de la même manière que le compte qu'elles sont appelées à remplacer.

Au premier abord, nous reconnaissons trois grandes divisions dans le compte *exploitation* : 1º les *animaux*; 2º les *cultures*, et 3º les *fabrications* : qui à leur tour sont susceptibles de se subdiviser.

I. ANIMAUX :

Les *vaches*.

Les *moutons*.

Les *porcs.*
Les *bêtes d'élevage,* etc., etc.
II. CULTURES :
Les *bois en aménagement.*
Le *jardin.*
Les *vignes.*
La *houblonnière.*
Les *différentes divisions culturales,* établies sur le domaine, etc., etc.
III. FABRICATIONS :
Fabrication de la chaux.
Fabrique d'instruments aratoires.
Féculerie.
Huilerie.
Brasserie.
Sucrerie, etc., etc.

Ces différentes subdivisions recevront naturellement à leur débit toutes les dépenses qu'elles occasionneront, et à leur crédit, tous les produits qu'elles fourniront.

Parmi les comptes généraux ouverts à notre grand livre et susceptibles d'être subdivisés, nous citerons encore le compte *pertes et profits.* Il n'aura qu'une seule subdivision sous le titre de *Sinistres,* et celle-ci recevra les pertes occasionnées par la mortalité, par la grêle, etc. Les pertes qui figureront à ce compte sont indépendantes de notre volonté, de notre mode de culture, de notre administration, et ne peuvent par conséquent influencer le résultat de nos spéculations. Si nous les portions au débit de celles-ci, si nous n'avions pas soin d'établir cette distinction, qu'en résulterait-il? C'est que nous chargerions nos spéculations de dépenses qui ne sont rien moins que normales, et nous arriverions infailliblement à une appréciation inexacte, fausse, de la valeur de notre entreprise.

Les *sinistres*, ne pouvant être regardés comme des pertes, seront portés dans un compte spécial qui se soldera par *pertes et profits*.

Comptes accessoires.

Si nous examinons certains frais qui doivent former le débit des subdivisions du compte *exploitation*, nous remarquerons que beaucoup de dépenses sont communes à tous ou à plusieurs de ces comptes. Après chaque dépense de ce genre, il faudrait donc la répartir entre les comptes respectifs pour en porter les fractions à leur débit. Ce mode de répartition est long, minutieux, laborieux, et même impossible à exécuter avec exactitude dans beaucoup de cas. Pour faciliter l'ouvrage, on peut établir des comptes qui seront chargés de recevoir ces dépenses, et auxquels nous donnerons le nom de comptes *accessoires*. Le nombre de ceux-ci est illimité, et varie suivant la nécessité ou la manière de voir du comptable.

A la fin de l'année, on procède au dépouillement de chacun de ces comptes, et l'on répartit les dépenses entre les divers comptes qui les ont occasionnées, et qui par conséquent doivent les supporter. Tous ces comptes accessoires sont soldés par le débit des différents comptes qui ont profité de ces frais. Nous allons passer les principaux en revue. A la fin du volume nous présenterons des modèles avec les dispositions qu'ils peuvent affecter dans le grand livre.

I

Frais généraux. — Les dépenses que nous portons à ce compte sont celles qui doivent être réparties sur toutes les divisions du compte *exploitation*, telles que les ports de lettres, les frais de bureau, la destruction des animaux nuisibles, l'entretien des chemins, l'entretien des bâtiments, etc., etc.

Certains frais sont communs à quelques comptes seulement, par exemple, l'assurance contre la grêle qui ne porte que sur certaines récoltes. Afin de faciliter la répartition au bout de l'année, nous diviserons ce compte en colonnes, dont chacune portera une suscription, c'est-à-dire que nous grouperons, que nous classerons ces sortes de dépenses. Nous aurons par exemple *frais communs aux cultures, frais communs aux céréales*, etc., etc. (Voir la disposition de ce compte à la fin du volume.)

A la fin de l'exercice, nous ferons le dépouillement de ce compte et la répartition par le débit des spécialités qui ont provoqué les frais.

Loyer. Quelquefois on réunit ce compte aux frais généraux, mais nous regardons cette dépense comme assez importante pour lui ouvrir un compte spécial. La caisse figure au débit pour les sommes déboursées, et à la fin de chaque année on le balance par une répartition raisonnée.

Main-d'œuvre. Le travail des journaliers nécessite une dépense que doivent supporter dans une certaine proportion toutes les spécialités auxquelles les ouvriers ont travaillé. Irons-nous créditer les ouvriers de leur travail par le débit du compte qui l'a nécessité? Nous aurions chaque jour autant d'articles que nous avons de journaliers, et lorsque nous les payerions, nous aurions à les débiter par le crédit de la caisse. Que nous importe le nom de nos journaliers? L'essentiel est de faire supporter à chaque compte la dépense qu'il a occasionnée.

Pour abréger le travail, nous aurons le compte *main-d'œuvre* que nous débiterons par le crédit de la caisse tous les huit jours ou tous les quinze jours, quand nous payerons les journaliers. Au lieu de reporter chaque jour les frais que ceux-ci occasionnent pendant l'année, soit en argent, soit en nature, nous en ferons le total en une seule fois, et nous les répartirons en un seul article sur toutes les spécialités auxquelles ont travaillé les journaliers. (Nous trouverons tous les éléments de cette opération dans les livres auxiliaires.)

Animaux de travail. — Il faut ici faire attention que ces animaux ne sont pas pour nous l'objet d'une spéculation ; nous n'avons pas pour but de réaliser un bénéfice sur eux ; on doit les considérer comme des instruments qui doivent nous fournir le travail, et ils ne peuvent ni perdre ni gagner. Les frais de toute nature que nous ferons pour leur entretien, et que nous devons regarder comme des frais généraux, seront naturellement le prix de revient du travail, et nous aurons à les répartir, à la fin de l'année, sur les différentes spécialités qui en ont profité. La valeur des animaux établie par l'inventaire sera naturellement portée au crédit de ce compte par balance de sortie.

Au débit du compte *animaux de travail* figureront donc les frais d'entretien, de nourriture, d'amortissement, etc., et au crédit, le fumier, la répartition des heures de travail sur les diverses branches, ainsi que l'estimation des animaux à l'inventaire.

II

Magasins. — Les produits de nos cultures, quelques produits de nos animaux, ceux de nos fabriques sont mis en réserve dans nos bâtiments, ou même dans les alentours, jusqu'au moment de la vente ou de la consommation.

Pour introduire plus de clarté dans nos comptes

de production, nous établirons des comptes accessoires, qui recevront tous les produits en une seule fois, et seront chargés de la distribution. Ces comptes seront donc débités de tous les produits et crédités de ces mêmes produits lors de leur sortie, soit pour la vente, soit pour la consommation. Ils pourront recevoir, sans inconvénient, de plusieurs comptes à la fois, de même qu'ils pourront livrer à plusieurs. Si les quantités sorties sont égales aux quantités reçues, il n'y a pas d'erreurs dans la distribution des produits de consommation ou de vente. Néanmoins on ne doit pas s'attendre à une exactitude rigoureuse dans l'entrée et dans la sortie des produits : il existe des déchets naturels qui amènent toujours des différences et celles-ci ne peuvent pas être considérées comme des erreurs, mais bien comme *boni* ou *déchet*.

L'acquisition des denrées de consommation pour nos animaux, nos ménages, nous oblige aussi à avoir des comptes analogues, car il arrive très-fréquemment qu'au moment de l'achat nous ne savons dans quelle proportion devront être débités les comptes consommateurs; ainsi, par exemple, si nous achetons des pommes de terre, savons-nous à ce moment quelle sera la quantité consommée par les animaux, quelle sera la quantité absorbée par le ménage? Il est donc plus rationnel d'ouvrir un compte qui sera provisoirement débiteur, et que nous créditerons au fur et à mesure de l'écoulement des produits.

Les denrées que nous achetons pour la consommation du personnel exigent aussi un compte spécial, car il faut faire attention que dans la ferme il y a toujours deux ménages, celui des domestiques ou employés à gages, et celui du fermier, et nous ne savons pour quelle proportion chaque ménage entrera dans la consommation.

Quels sont donc les comptes que nous allons ouvrir, et comment se liquident-ils? Nous les diviserons en deux classes : la première comprendra les comptes qui reçoivent les matériaux, les denrées, les produits qui sont destinés à être employés à l'intérieur; la seconde, ceux qui reçoivent les denrées destinées à la vente.

Les *comptes de la première classe* seront débités des produits de l'exploitation ou des fabriques, des objets achetés et des frais d'acquisition. Il faut donc estimer les produits entrés. Cette opération ne souffre pas la moindre difficulté pour les objets achetés, mais il n'en est pas de même pour les produits de l'exploitation : il faut, dans ce dernier cas, adopter un prix moyen, résultat de l'observation de plusieurs années, en tenant compte des circonstances locales. Ces comptes seront crédités en une seule fois à la fin de l'année; les livres auxiliaires nous indiqueront la sortie des produits. Comme ils ne sont pas ouverts à une spéculation, mais uniquement destinés à faciliter le passage des matières d'un compte à un autre, à donner plus de clarté et d'exactitude à la comptabilité, ils ne doivent ni perdre, ni gagner, quel que soit le déchet ou le boni.

L'estimation des matières à la sortie de ces comptes, doit être telle que le débit soit égal au crédit.

Ainsi il entre en magasin:

2,000 hectol. de pommes de terres à 2 fr.   . fr. 4,000
100   »   »   » à fr. 1 50 c.   150
Frais de transport.   30
Frais de silos ou de magasin.   20
                                                           ______
                                        Total.   .   . fr. 4,200

Supposons qu'à la sortie, le mesurage ne nous donne que 2,050 hectolitres; nous devrons donner à ceux-ci une valeur de 4,200 francs, ou 2 fr. 4 cent.

par hectolitre, et c'est à ce prix que nous les compterons aux animaux et aux ménages.

Il en sera de même pour tous les produits, matériaux ou denrées consommés dans l'exploitation.

Les *comptes de la deuxième classe*, pour le même motif que les précédents, ne doivent ni perdre ni gagner, mais nous ne les liquiderons pas de la même manière que ceux dont nous venons de nous occuper; nous les créditerons des ventes, et le débit sera formé ultérieurement. La différence entre la vente et les frais de récolte, de magasin, etc., nous donnera le prix de la récolte, sans avoir égard au boni, ni au déchet des magasins; exemple :

La vente du blé en gros et en détail nous a donné 250 hectolitres à 22 francs . . . . . . fr. 4,400
Cette somme fournira le crédit du compte.

Le débit s'établira de la manière suivante :

Frais de vente . . . . . . fr. 40) fr.   65
Frais de magasin . . . . . 25)
Frais de battage 70
Au battage le blé a donné 260 hectolit . 4,265
____
Total. . . fr. 4,400

On fait donc la différence entre le prix de vente et les frais, et l'on divise cette différence par le nombre d'hectolitres entrés en magasin lors du battage. Le chiffre qui en résulte nous donne le prix de l'hectolitre, qui dans ce cas serait de 16 fr. 40 cent.

Il arrive presque toujours que les denrées ne sont pas entièrement écoulées à la fin de l'exercice; c'est alors l'exercice suivant qui en devient débiteur au taux porté à l'inventaire.

Lors de la clôture des comptes, les denrées restant en magasin sont portées au débit du compte *balance de sortie*.

Quels sont les comptes que nous pouvons ouvrir?

Fourrages verts. — Le débit de ce compte aura autant de colonnes qu'il se présentera de pièces de fourrages. Ceux-ci n'entrent réellement pas en magasin, et ce compte n'est ouvert que pour faciliter la comptabilité.

En effet, quelles difficultés n'éprouverait-on pas si l'on était obligé de créditer cinq ou six comptes qui ont donné des fourrages par le débit des différents animaux qui les ont consommés. Ce serait un long travail, que le compte *fourrages verts* abrége, car il est seul débiteur envers les divisions ou pièces de terre, et le seul créditeur envers les animaux.

Fourrages secs. — Ce compte sera divisé comme le précédent.

Racines et tubercules. — Le débit de ce compte sera divisé en autant de colonnes qu'il y aura d'espèces de racines ou de tubercules.

Grains en magasin. — Ce compte sera aussi divisé en colonnes, non-seulement au débit mais encore au crédit, destinées à recevoir chacune une espèce de grains : avoine, froment, etc.

Les colonnes du débit ayant des colonnes correspondantes au crédit, il s'ensuit que chaque nature de grains se trouve pour ainsi dire dans une colonne spéciale que l'on travaille séparément.

On peut également ouvrir des comptes aux *pailles*, au *bois*, au *vin*, etc.

Économat. — Sous ce titre, nous ouvrirons un compte chargé de recevoir les denrées spécialement destinées au ménage du fermier et au ménage des employés.

Comme le compte *grains en magasin*, il sera divisé à son débit et à son crédit en colonnes destinées à recevoir chacune une denrée différente, viande, vin, pain, etc.

Si les denrées n'avaient qu'un seul consommateur,

elles ne figureraient pas dans ce compte, elles seraient directement portées au ménage du fermier ou au ménage des employés.

Fumier au tas. — Ce compte recevra directement à son débit le fumier fourni par les différentes espèces d'animaux au prix préalablement établi, ainsi que les frais de manipulation. Il sera crédité par le compte *engrais en terre.*

Engrais en terre. — Ce compte prend à son débit tous les fumiers enfouis dans le sol, plus les frais d'épandage. Il faut avoir soin de relater le nom et la contenance du champ qui reçoit. Il est crédité par le débit des pièces de terre, selon la proportion d'épuisement calculée. La portion non absorbée est reportée *à nouveau* par balance de sortie, et est destinée à être enlevée par les récoltes subséquentes.

On pourra également consacrer des comptes aux *marnes en dépôt,* aux *marnes en terre,* aux *engrais pulvérulents,* etc., etc.

III

Mobilier. — Les animaux et les fabrications peuvent être débités du mobilier qui leur est spécial, mais comment classer celui qui doit à la fois rentrer dans plusieurs comptes ? Une charrue servant à travailler indifféremment toutes nos pièces de terre, nous serons forcés de porter ce mobilier dans les *frais généraux communs aux cultures.* Beaucoup d'autres portions de notre mobilier viendront alors se ranger dans les *frais généraux,* le mobilier du fermier, celui des employés, etc. Nous pourrions nous arrêter à cette classification, mais dans une exploitation les capitaux consacrés au mobilier et à son entretien s'élèvent à des sommes considérables, et il est utile de ne pas confondre celles-ci avec des dépenses d'un autre ordre. Nous ouvrirons donc un compte particulier au *mobilier*. Le débit et le crédit de ce compte seront divisés par colonnes, ayant pour titre le nom des comptes auxquels elles appartiennent.

Le débit se formera par les acquisitions, les frais d'achat, de transport et de réparation du mobilier.

On portera au crédit les ventes que l'on pourrait faire accidentellement et la valeur du mobilier constatée par l'inventaire à la fin de l'exercice, par balance de sortie. On y consignera en outre la moins-value de ce mobilier par répartition sur les divers comptes auxquels des colonnes sont ouvertes, et qui par conséquent ont profité du mobilier.

La moins-value du mobilier est décelée par la différence entre la somme portée au dernier inventaire et celle qui est consignée au précédent.

Dans une comptabilité rigoureuse, il faut en outre faire supporter aux spécialités l'intérêt des sommes consacrées à l'acquisition du mobilier.

Livres auxiliaires.

Dans la comptabilité rurale, les livres auxiliaires ont une grande importance; mais pour qu'ils soient réellement utiles, ils doivent être tenus avec régularité.

Livre des travaux.

Ce livre porte aussi le nom de *journal intérieur*. Il nous fournit le moyen de constater l'emploi du temps des différents agents de la production. C'est sur ce livre que l'on inscrit la quantité de fumier fournie par chaque espèce d'animaux, les engrais qui du fumier au tas sont transportés sur le sol, le nombre et le poids des animaux tués pour la consommation intérieure. Nous y inscrirons également les produits de nos cultures.

Pour les travaux de nos attelages et de nos employés ou domestiques qui travaillent pendant toute l'année dans l'exploitation, nous supposerons la journée de dix heures ou divisée en dix parties égales, et nous inscrirons chaque jour la durée du travail pour chaque compte.

Nous ne procéderons pas de la même manière pour les journaliers, car la durée et le prix du travail varient avec les saisons. Nous pourrions parer à cet inconvénient en augmentant ou en diminuant le nombre d'heures de chaque journée de manière à établir une proportion entre la durée et le prix du travail; mais cette proportion ne serait pas la même pour tous nos journaliers, car nous employons des hommes, des femmes et même des enfants; il est beaucoup plus simple de porter au débit des comptes les sommes réellement déboursées, c'est-à-dire que nous exprimerons toujours en heures et en *argent* le travail des journaliers.

Les articles du journal intérieur se reportent au livre de cultures et magasins. (Voir le modèle de ce registre à la fin du volume.)

Livre d'entrées et de sorties, ou de cultures et magasins.

Comme nous venons de le dire, ce livre reçoit les articles du journal intérieur, et de plus le résumé mensuel des livres où l'on inscrit la *consommation des animaux et des ménages*, dont nous dirons un mot plus loin.

Dans le livre de cultures et magasins, il s'opère des mouvements sans l'intermédiaire d'aucun autre : les totaux mensuels figurant aux consommations du ménage et des animaux doivent être reportés à la sortie du compte de magasin qui a fourni les denrées.

Les totaux des récoltes qui figurent dans les feuilles de culture doivent venir se classer à l'entrée du compte *magasin* qui leur appartient. Ainsi toute la récolte des pommes de terre, par exemple, viendra figurer à l'entrée du compte *pommes de terre en magasin*, etc.

L'année terminée, votre compte *main-d'œuvre* au grand livre porte à son débit les sommes totales des journées payées, et celles qui sont dues pour les travaux des journaliers pendant l'exercice.

Le *journal intérieur* contient également les mêmes sommes, mais il est nécessaire de vérifier pour s'assurer de l'exactitude des transports au *journal*. A cet effet, il faut porter séparément le total de la main-d'œuvre sur le *journal intérieur*, et le *livre cultures et magasins* qui doit montrer la même somme si le transport sur ce dernier livre a été régulièrement effectué.

Les travaux des employés et des attelages doivent être consignés chaque jour sur ce registre. Cette inscription doit être faite avec d'autant plus de soins qu'une omission, une erreur de chiffres ne peuvent être aperçues, à moins qu'il n'en résulte une absurdité.

Si nous n'avons pas pour cet objet les moyens de vérification que nous offre le compte *main-d'œuvre*, nous avons cependant encore les totaux du journal intérieur, et du compte *cultures et magasins* qui doivent être égaux.

Pour opérer la balance de la main-d'œuvre et des heures de travail des employés et des attelages, il ne faut pas attendre la fin de l'année, car la tâche serait longue, pénible, et les erreurs moins faciles à découvrir. Il est bon de la faire tous les trois mois.

Pour terminer ce qui concerne ce livre important, nous allons transcrire ce qu'en dit M. Amand Malo, dans ses *Éléments de comptabilité rurale :*

« Ce livre offre, de sa nature, trois divisions bien
« nettes : 1° les animaux ; 2° les magasins et ména-
« ges ; 3° les cultures diverses et spéculations.

« *Animaux.* — La portion du livre consacrée aux
« animaux est destinée à enregistrer :

« Leurs espèces ; leur nombre, plus ou moins va-
« riable ; la nature et les quantités de leurs diverses
« consommations ; la quantité de litière, de sel, son,
« résidu, tourteaux, etc. ; enfin la quantité de fumier,
« de lait, de beurre, de fromage, etc., qu'ils donnent
« en retour.

« On motive plus tard l'emploi de ces différents
« produits.

« *Magasins.* — La division qui traite des magasins,
« granges, etc., comprend, sur autant de feuillets
« distincts du registre que cela devient nécessaire,
« tous les divers comptes de grains, de fourrages,
« de paille, de racines, de denrées de vente ou de
« consommation pour les animaux et le ménage.

« On y consigne scrupuleusement toutes les quan-
« tités qui entrent et toutes les quantités qui sortent,
« mais avec leurs destinations multipliées. Les four-
« rages, les grains, en un mot tous les produits de
« culture, y sont rangés par espèces différentes.

« Après un laps de temps plus ou moins long, et
« sur l'examen de ces comptes d'entrées et de sor-
« ties, on peut alors apprécier l'état des ressources
« qu'offrent les magasins et les granges de l'exploi-
« tation, de même que l'emploi des récoltes qu'ont
« données les terres.

« Ces comptes ou tableaux, lorsqu'ils sont exacte-
« ment tenus, permettent d'estimer très-approxima-
« tivement toutes les consommations qui se sont faites.
« Il est aisé, conséquemment, d'établir les comptes
« financiers des animaux qu'on entretient, et de
« reconnaître le bénéfice ou la perte qu'ils pro-
« duisent.

« Ces tableaux justifient aussi l'emploi des den-
« rées de vente provenant de la culture, et qui ne
« s'écoulent pas toujours très-promptement.

« On consacre aussi quelques pages à des objets
« de consommation intérieure dont on est bien aise
« de motiver l'entrée et la sortie. Ces annotations,
« plus ou moins minutieuses, aident à fixer le chiffre
« des dépenses du ménage.

« *Cultures.*—La troisième partie du registre est
« destinée aux cultures variées du domaine, comme
« aux spéculations qui ne sont pas positivement
« agricoles. Chaque pièce de terre de l'exploitation
« y a son compte ouvert.

« On fait figurer à chacun de ces comptes, et au
« fur et à mesure, tous les renseignements et tous les
« chiffres qui s'y rapportent, afin de pouvoir y trou-
« ver plus tard tous les éléments nécessaires à
« l'établissement des comptes financiers.

« Ainsi, d'une part, on y inscrit :

« Le nombre de labours et de travaux d'entretien
« effectués, ainsi que la quantité d'heures d'attelage
« qu'ils ont nécessitées ; les frais divers de main-
« d'œuvre ; les fumiers qu'ils ont reçus, les frais de
« conduite et d'épandage ; la quantité de semence
« employée.

« D'autre part, on y fait figurer :

« La quantité de gerbes récoltées, et plus tard le
« nombre d'hectolitres de grains fournis par le bat-

« tage ; le nombre de bottes ou le poids de la récolte,
« s'il s'agit de fourrages verts ou secs, la quantité
« de mesures, si ce sont des racines ou des tuber-
« cules. On mentionne aussi les divers prix de vente.

« A la fin de l'*exercice cultural*, et avant de pro-
« céder à la clôture définitive de la comptabilité de
« l'année, on réunit ces divers documents, on les
« traduit en chiffres précis, on les transporte ensuite
« sur le journal ; puis de celui-ci, sur le grand-livre.

« Le dépouillement qu'on fait ultérieurement sur
« le grand livre met à même de peser très-sciem-
« ment le pour et le contre de chaque genre de
« culture. »

Livre de paye.

Comme on ne paye pas les ouvriers tous les jours,
il faut tenir note des heures du travail. C'est à quoi
sera destiné le livre de paye, divisé en colonnes dont
le nombre varie, suivant que l'on paye les journaliers
tous les huit jours ou tous les quinze jours ; chacune
de ces colonnes porte une date, et est destinée à recevoir le nombre d'heures de travail de chaque ouvrier.
Le total de la huitaine ou de la quinzaine sera reporté
au livre de caisse, sans détailler les sommes dévolues
à chaque ouvrier.

Livre des ménages.

Les ménages des domestiques et du fermier reçoivent chaque jour des denrées de divers magasins, et
l'on comprend qu'il serait trop long de passer immédiatement ces articles au journal. Nous aurons une
feuille dont la réglure sera la même que celle du
compte des ménages figurant au compte *cultures et*

magasins; nous y inscrirons chaque jour les denrées absorbées, et à la fin du mois nous ferons le total, que nous reporterons au livre des cultures et magasins, et, au bout de l'année, les douze totaux seront inscrits en une seule ligne au débit du compte du grand livre.

Livre de consommation des animaux.

Le motif qui nous porte à ouvrir un livre pour l'inscription des consommations du ménage nous en fera disposer un semblable pour celles des animaux. Nous n'y porterons absolument que les consommations; aucun produit n'y figurera. Nous aurons nécessairement une feuille séparée pour chaque espèce d'animaux; la réglure sera la même que celle du compte des ménages.

INVENTAIRE.

On appelle *inventaire,* l'estimation en monnaie courante de tous les objets et de toutes les valeurs que possède le cultivateur, et qu'il consacre à l'exploitation de son domaine.

La comptabilité devant contrôler l'emploi de toutes les valeurs servant à la production, l'*inventaire* doit nécessairement précéder l'ouverture des comptes. Pour qu'il soit bien dressé, il faut le disposer avec méthode et avec la plus grande exactitude.

La réunion de toutes les sommes portées à l'inventaire constitue le *capital matériel* de l'exploitant. Nous avons dit antérieurement que l'*inventaire* était autre chose que l'*état de situation*. En effet, celui-ci se compose de deux éléments, l'*actif* et le *passif*.

L'actif comprend les valeurs dont l'industriel peut disposer, le *passif* celles dont il est débiteur.

Lorsque l'actif est supérieur au passif, la situation est bonne, et la différence nous donne la fortune réelle de l'exploitant. Si, au contraire, le passif dépasse l'actif, la position est fâcheuse, les intérêts des créanciers sont compromis, et la différence nous indique le *déficit*.

Pour classer les objets ou valeurs qui doivent figurer à l'inventaire, on se fonde sur la similitude, ou du moins l'analogie de destination.

Divisions de l'inventaire.

1° Le mobilier;
2° Les denrées en magasin;
3° Les emblavures;
4° Les fumiers, les engrais en terre;
5° L'argent en caisse et les billets.

Mobilier.

Le mobilier se divise en *mobilier mort* et en *mobilier vivant*. Le premier comprend les instruments, les ustensiles du ménage, etc.; le second, les *animaux*.

Mobilier mort.—Il faut procéder ici avec beaucoup d'ordre dans le classement, et ne pas confondre les différents mobiliers d'une exploitation, car ils éprouvent des dégradations, de l'usure, et il en résulte nécessairement une moins-value. Nous aurons donc les instruments aratoires, les équipages et les harnais dont l'usure prend rang parmi les frais généraux de culture; le mobilier de la bergerie, celui de la vacherie, etc., dont la moins-value figure au débit des spéculations.

Ce que nous disons pour les instruments aratoires, les harnais et équipages, s'applique également au mobilier du ménage, et l'appréciation de la moins-value sera portée aux *frais généraux*.

Le cultivateur doit apporter la plus rigoureuse exactitude dans l'estimation de son matériel ; il faut que celle-ci se rapproche autant que possible de la valeur réelle, afin de ne pas *enfler l'actif*. Lorsqu'on procède à l'inventaire, il faut agir comme si l'on était forcé de céder l'exploitation et son matériel ; de la sorte, on évitera toujours des mécomptes, et l'on aura continuellement une idée exacte de sa position.

Ainsi donc, nous le répétons, il faut avoir soin de séparer les différents mobiliers, de ne pas confondre celui de la ferme avec celui de la porcherie ou de la vacherie. Si cette distinction n'était pas observée, qu'arriverait-il ? Le résultat définitif de l'inventaire serait toujours le même, mais la moins-value du mobilier consacré à nos spéculations animales étant réunie à celle du mobilier des ménages, nous déchargerions nos animaux aux dépens de nos cultures, qui supporteraient alors tous les frais résultant de la dégradation, et nous n'aurions pas une idée exacte de la valeur de chacune de nos spéculations. Il est donc rationnel de distribuer à chaque groupe la portion du mobilier qui n'est pas destinée à être répartie entre les diverses récoltes.

Mobilier vivant. — Il faut donner aux animaux leur valeur réalisable au moment de l'inventaire.

La moins-value des animaux de travail, qui, comme nous l'avons déjà dit, doivent être considérés comme des instruments et non comme faisant l'objet d'une spéculation, doit être portée aux *frais généraux*, et répartie ultérieurement sur les différentes cultures qui ont contribué à la détérioration constatée.

Les animaux, que nous tenons comme spéculation, ne doivent pas subir de dépréciation ; leurs produits doivent payer la nourriture et les soins qu'on leur consacre. Lorsqu'ils perdent de leur valeur, on les fait passer dans la catégorie des bêtes à l'engrais, et ils peuvent à la rigueur y entrer avec leur valeur primitive. Il en est de même des bœufs de travail.

Quant aux bêtes d'élevage, on doit leur affecter un prix égal à celui que l'on pourrait en retirer sur les marchés voisins. Il faut apporter dans ces appréciations la plus grande exactitude, afin de s'éclairer réellement sur la valeur des spéculations.

Denrées en magasin.

Dans l'estimation des produits emmagasinés, il faut tenir compte de leurs qualités, de leur quantité et de leur destination.

Les grains, les fourrages, les racines qui doivent être transportés au marché, sont évalués en mesures ou en poids, et estimés au *prix moyen* des marchés que l'on fréquente habituellement.

Les denrées destinées à être consommées dans l'exploitation ne peuvent pas être inventoriées d'après les mercuriales ; il faut autant que possible prendre le *prix de revient*. A défaut de celui-ci, on peut se servir des prix du marché, en ayant soin de défalquer toutefois les frais que l'on serait forcé de faire pour le transport, et de tenir compte de la qualité des produits.

M. Amand Malo, dans son *Traité de comptabilité rurale*, a émis, à propos des *emblavures* et des *fumiers et engrais en terre*, des idées que nous partageons, et que nous nous bornerons à transcrire :

« Il est, dit-il, assez d'usage, en agriculture, que

« les inventaires se bornent à l'estimation des objets
« matériels saisissables ; cependant ces objets ne con-
« stituent pas la totalité du capital dont le cultivateur
« peut disposer. Il est d'autres valeurs qui méritent
« d'être appréciées très-sérieusement, et cependant
« qu'on néglige la plupart du temps : ce sont les
« fumiers, les engrais en terre et les emblavures.

« Les fumiers qui se trouvent dans la cour de
« ferme, les engrais déjà enfouis dans le sol, consti-
« tuent bien réellement une partie *intégrante* du
« capital. Lorsqu'on omet de les comprendre dans
« l'inventaire, celui-ci est notoirement incomplet.

« Les terres emblavées, les travaux préparatoires
« exécutés, les semences confiées au sol, sont le plus
« souvent omis sur les inventaires agricoles. Il im-
« porte cependant de les y voir figurer ; ils font tout
« aussi bien partie du capital d'exploitation que les
« produits emmagasinés et les animaux du do-
« maine.

« Qu'un cultivateur vienne à céder brusquement
« son bail au milieu d'une année culturale, il laisse
« à son successeur toutes les emblavures faites et
« les engrais en terre, moyennant une indemnité
« qu'ont stipulée des arbitres, après estimation
« préalable. Souvent encore on voit, à fin de bail, le
« fermier sortant s'arranger à l'amiable avec le
« nouvel exploitant, pour la cession pleine et entière
« des récoltes préparées dont il lui abandonne alors
« les fruits.

« Dans l'un et l'autre des cas ci-dessus, les em-
« blavures existantes sont des avances réelles qu'on
« rembourse à celui qui les a faites ; et comme ces
« avances ont été fournies par le capital d'exploita-
« tion, pourquoi donc ne figureraient-elles pas, de
« toute nécessité, sur les inventaires, puisque l'in-

« ventaire a pour but unique de fixer le cultivateur,
« une fois par an, sur le *quantum* de son capital et
« sur les modifications diverses qu'ont subies toutes
« ses parties constituantes?

« Les engrais disponibles ou mis en terre sont
« dans une condition analogue : ils représentent, pour
« le cultivateur, une chance appréciable de fécondité
« nouvelle. Les engrais sont donc encore un capi-
« tal, mais un capital qu'on absorbe aussi, dans le
« sol, plus ou moins promptement, suivant la nature
« des récoltes qu'on exige de lui. Les engrais coû-
« tent de grands frais d'achat, ou bien ils représen-
« tent le prix de fourrages et de paille qu'on aurait
« pu vendre. Il faut donc leur attribuer une valeur
« réelle, qu'on doit suivre dans le sol jusqu'à con-
« sommation complète.

Emblavures.

« L'inventaire des emblavures comprend :
« 1° La nature et l'étendue de toutes les récoltes
« en terre, ainsi que l'évaluation des frais qu'elles
« ont nécessités jusqu'à l'époque de l'inventaire ;
« 2° L'évaluation des travaux préparatoires exé-
« cutés sur les terres non ensemencées encore.

« On parvient à obtenir ces diverses évaluations,
« en établissant le chiffre des dépenses qu'elles ont
« occasionnées tant en semences qu'en travaux d'at-
« telage et de journaliers. La comptabilité de l'année
« qui vient de finir constate ces différents chiffres.

« Mais, en même temps, le cultivateur doit bien
« se garder d'attribuer à ses récoltes en terre une
« valeur plus élevée que leur *prix net* de revient ; il
« ne s'agit pas ici de porter, en compte d'inventaire,

« de simples espérances que l'état des champs per-
« met de concevoir.

« Les règles que nous avons posées s'appliquent à
« toutes les cultures annuelles. Il en est autrement
« des prairies artificielles vivaces; à l'avance, le
« cultivateur a pu prévoir leur durée plus ou moins
« longue; alors elles supportent annuellement leur
« quote-part de frais d'établissement, d'entretien et
« de fumure.

Engrais.

« La détermination de la valeur des engrais pro-
« duits dans une exploitation rurale par le bétail
« qu'on y entretient, et plus tard, l'appréciation de
« leur épuisement dans le sol, par suite des récoltes
« qu'on en retire, sont depuis longtemps l'objet de
« discussions fort graves; et les opinions à cet égard
« sont singulièrement partagées.

« Un grand nombre d'agriculteurs excluent en-
« tièrement de leur comptabilité tout ce qui est
« relatif à la valeur des engrais. Ils se fondent sur
« l'impossibilité :

« 1° De donner aux engrais une valeur positive
« en argent;

« 2° D'apprécier leur absorption par les récoltes;

« 3° De calculer leur accumulation dans le sol;

« 4° D'estimer, enfin, l'amélioration ou l'épuise-
« ment de celui-ci par suite de la culture.

« D'autres cultivateurs, professant une opinion
« contraire, parviennent à fixer la valeur des engrais,
« de même que le chiffre de leur absorption. Le pre-
« mier résultat s'obtient à l'aide de calculs positifs;
« le second, plus difficile et bien moins satisfaisant,
« s'acquiert par la répartition, d'ailleurs très-contesta-

« ble, de la dose de fumure affectée à chacune des diver-
« ses récoltes céréales ou commerciales exigées du sol.
« Ces agriculteurs laissent de côté, comme faits trop
« hypothétiques, les deux autres points de la dis-
« cussion.

« Loin de nous la pensée de trancher nettement
« une question de controverse si importante; toute-
« fois, essayerons-nous d'exposer ici, sous forme de
« digression, les *voies* et *moyens* qui nous semblent
« permettre évidemment d'attribuer une valeur réelle
« quelconque aux fumiers; mais cette valeur n'est
« autre, dans notre conviction, que celle de leur *prix*
« *de revient.*

« On a dit que les animaux étaient des *machines à*
« *fumier;* soit : mais au moins alors importe-t-il de
« pouvoir estimer le prix auquel ils livrent leur en-
« grais à la culture, en compensation des soins et
« des aliments qu'on leur donne. Il faut leur tenir
« compte, en outre, des autres produits qu'ils ren-
« dent, tels que la viande, le lait, les élèves, la laine,
« le travail, etc.

« Admettons l'hypothèse où la production végétale
« serait le *but* principal que se propose l'agriculteur;
« ceci posé, les animaux deviennent évidemment ses
« *moyens;* il convient donc de savoir pertinemment
« à quel taux reviennent les services qu'ils rendent.
« Si les attelages sont indispensables à l'exécution
« des travaux, il n'en est pas de même du bétail de
« rente. Ce bétail fait l'objet de spéculations qui se
« rattachent à l'économie de la culture; or, si les
« animaux de rente n'offraient qu'une perte con-
« stante, ils manqueraient complétement à leur des-
« tination. Voilà pourquoi il importe de bien s'assurer
« si les produits qu'ils donnent, ajoutés à la valeur
« des fumiers qu'ils procurent, permettent de faire

« ressortir toutes les denrées qu'ils consomment à
« des prix satisfaisants.

« Très-souvent le cultivateur trouve beaucoup
« plus de profit à vendre ses fourrages, et à acheter
« les engrais dont il a besoin.

« Fréquemment aussi l'absence de débouchés,
« l'éloignement des marchés, le mauvais état des
« routes, enfin, le manque de fumier dans les villes
« voisines, l'empêchent de réaliser ses pailles et four-
« rages, et de se procurer, en retour ou à prix d'ar-
« gent, les engrais qui lui sont nécessaires. Alors la
« question change de face pour lui ; les circonstances
« le contraignent à utiliser ses produits sur place
« et à fabriquer tous ses engrais. Dans ce cas, il lui
« importe de faire consommer ses denrées au meil-
« leur prix possible.

« Que nous laissions ici de côté le chapitre des
« profits, pour n'envisager que la question d'*engrais*,
« ceux-ci n'en ont pas moins une valeur positive en
« argent, soit qu'on les achète au dehors, soit qu'on
« les produise dans le sein même de l'exploita-
« tion.

« Voici maintenant, à notre avis, quelle serait la
« véritable manière de procéder pour parvenir à dé-
« terminer la valeur des engrais.

« On porte, aux comptes des animaux de travail et
« de rente, le prix du fourrage, ceux de l'avoine, des
« racines et de la paille (consommée ou litière) au
« taux moyen des marchés les plus voisins, après
« avoir préalablement déduit, bien entendu, les frais
« de transport, de chargement, etc., qu'occasionne-
« raient ces denrées, si on les vendait au dehors.

« Par contre, on fait figurer à l'*avoir* des mêmes
« comptes les divers produits que donnent ces ani-
« maux, le fumier qu'ils rendent : on stipule ce der-

« nier au prix d'achat à la ville, par grandes masses
« et sans frais de transport (1).

« Au surplus, voici comment on établit d'ordinaire
« le compte du prix de travail des bêtes de trait. On
« porte au débit de ce compte toutes les denrées que
« ces animaux consomment, et ce au prix du marché,
« de même aussi le chiffre des soins qu'ils exigent
« au prix coûtant de ces services; il est évident
« qu'il n'est que bien strictement régulier de faire
« figurer en compensation, au crédit de ce compte,
« les fumiers que ces animaux rendent au prix (tous
« frais de transport déduits) auquel on pourrait
« communément les vendre, si on ne les réservait
« pas pour son propre usage.

« Tout cultivateur qui a mûrement étudié sa loca-
« lité, et s'est, à l'avance, bien rendu compte des
« inconvénients ou des avantages qu'elle lui présente,
« sait parfaitement à quoi s'en tenir sur la fixation
« qu'il convient d'attribuer au prix des produits qu'il
« fait consommer à ses animaux : pourquoi donc
« serait-il plus difficile, avec cette même expérience
« de localité et dans les mêmes circonstances données,
« de parvenir à fixer, d'une manière aussi pratique,
« la valeur des engrais que ces animaux produisent?

« Le *livre d'entrées et de sorties* mentionne bien
« toutes les quantités de fourrages, de grains, de
« paille, livrées aux animaux pendant tout le cours
« de l'année; c'est ainsi qu'on arrive à connaître le
« *quantum* très-exact de toutes les denrées consom-

---

(1) Comme très-souvent les animaux sont destinés à fournir le fumier que l'on ne peut se procurer au dehors, il nous paraît qu'alors il serait plus rationnel de balancer le compte des animaux par les fumiers. On obtiendrait ainsi leur prix de revient, et l'on saurait quels sont les animaux qui les fournissent au plus bas prix.

(Note de l'auteur.)

« mées ; eh bien, il ne serait guère plus difficile de
« se rendre aussi bon compte de la quantité de fu-
« mier produite par chaque espèce de bétail.

« Voici de quelle manière on parviendrait à ce résultat.

« On tiendrait bonne note, chaque jour, des quan-
« tités de fumier fournies par chacune des étables:
« on prendrait une mesure uniforme, la brouette,
« par exemple, charge *comble*. Ces brouettées d'en-
« grais seraient déversées sur le tas commun. Le
« mélange et la fermentation donnent de l'homogé-
« néité à la masse.

« Sachant d'une part le nombre total de brouettes
« qui ont alimenté ce tas, puis le nombre de voitures
« ou chariots qu'il a fournis ; d'autre part, connais-
« sant exactement le nombre de brouettes indivi-
« duellement apportées par chaque catégorie d'ani-
« maux, on aura tous les éléments d'un calcul
« très-facile à opérer.

« On doit, alors, à chaque tas de fumier employé,
« faire une répartition exacte de la quantité de voitu-
« res fournie par telle ou telle catégorie d'animaux. On
« porte, à la fin de l'année, au crédit de leurs comptes
« respectifs le montant des engrais qu'ils ont rendus.

« Du moment que l'on a pu apprécier la quantité
« de fumier produite dans une ferme, pendant un
« laps de temps déterminé, et fixer la valeur de la
« voiture, prise pour unité, on se trouve en mesure de
« créditer, d'un côté, les animaux de la quote-part d'en-
« grais qu'ils ont fournie, et de débiter, de l'autre, les
« cultures ou les terres de la quantité qu'elles ont reçue.

« C'est ici le lieu de faire observer que l'on n'a
« pu résoudre complétement encore l'importante
« question de l'absorption des engrais ; toutefois, des
« agriculteurs fort expérimentés ont déterminé cette
« absorption, à peu près comme suit :

« *Pour l'assolement triennal.* — Ils attribuent à la
« première céréale, c'est-à-dire au blé d'hiver, la
« valeur des 3/5 de la fumure donnée, et ils font sup-
« porter les 2/5 restant à la seconde récolte.

« Dans les assolements perfectionnés et alternes,
« les prairies intercalées entre les cultures de cé-
« réales sont bien et dûment des récoltes améliorantes,
« aussi ne supportent-elles aucun frais de fumure;
« les céréales ou les plantes commerciales sont seules
« débitées du coût des engrais. Lorsqu'une culture
« sarclée figure en tête de l'assolement, on lui attri-
« bue aussi une certaine part de la fumure. Cette
« part est souvent trop large dans bon nombre de
« nos comptabilités, puisqu'elle équivaut à la moitié
« des frais d'engrais. Ce chiffre est déraisonnable.

« Ainsi, dans l'assolement quadriennal :

1re année, fumure, plantes sarclées;
2e   »   céréale;
3e   »   fourrages annuels (trèfle, vesces, etc.);
4e   »   céréale.

« La première sole supporte moitié de la fumure;
« les céréales se partagent entre elles l'autre portion.
« Ne conviendrait-il pas mieux d'attribuer, à chacune
« de ces divisions, un tiers de la valeur des engrais
« employés?

« Que l'assolement, adopté par le cultivateur, soit
« triennal ou bien alterne, les frais entiers de la fu-
« mure sont à répartir entre les diverses récoltes
« épuisantes qui entrent dans le système agricole suivi.
« Cet amortissement successif de la valeur des fu-
« miers éteint complétement, après un certain laps
« de temps, le capital engagé, dans le sol, sous forme
« d'engrais. Toutefois ce capital tend à se reformer,
« chaque année, puisqu'on doit y faire figurer la va-
« leur de la fumure nouvellement introduite. »

A quelle époque doit-on établir l'inventaire?

Cette question n'est pas susceptible d'une solution unique, et nous ne croyons pouvoir mieux faire que de transcrire ici ce qu'en dit Pabst dans un ouvrage qu'il a publié sur l'économie rurale.

« Les opérations du cultivateur, dit-il, sont tellement compactes et liées entre elles que jamais il n'y a d'interruption, et par conséquent on ne peut trouver aucune époque dont on puisse dire que l'année écoulée n'a pas laissé à celle qui arrive beaucoup de travaux dont celle-ci profitera. D'après cette observation, on pourrait regarder l'époque où l'on est entré en ferme comme la plus favorable à la clôture des comptes. Cependant, à voir les choses plus attentivement, il y a dans l'année agricole trois époques qui sont à préférer pour l'opération dont il s'agit ; ces trois époques sont : la fin de l'automne ou le commencement de l'hiver ; la fin de l'hiver ou le commencement du printemps ; enfin, le commencement de l'été lorsqu'on a terminé les ensemencements de printemps.

« Chacune de ces époques présente des avantages et des inconvénients ; et pour le choix, il faut consulter les circonstances locales et peser les considérations personnelles.

« On trouve à l'avantage de la première époque, fin d'automne, qu'à ce moment, c'est-à-dire vers le 1er novembre, les travaux de l'année qui commence et de celle qui finit sont assez nettement divisés, et qu'il n'y a que les ensemencements d'hiver qui ont été anticipés par l'année finissant sur celle qui lui succède ; on dit surtout que l'hiver est la saison la plus propice pour se livrer aux opérations de calcul. Mais on objecte qu'il n'est pas facile de clore alors la comptabilité avant que le battage n'ait été terminé, sans quoi il faudrait faire des évaluations provisoires, ce qui est sujet à beaucoup d'incertitudes.

« La seconde époque, la fin de l'hiver, au 1er mars ou au 1er avril, a les mêmes avantages que la précédente: de plus, le battage terminé ou sur le point de l'être, on peut avoir sur les récoltes des évaluations positives; le fourrage est en partie consommé et peut être évalué; on peut prévoir les bénéfices que donneront les animaux. On peut opposer, qu'au printemps, le cultivateur n'a pas assez de relâche pour se livrer assidûment à la comptabilité, inconvénient qui disparaît lorsque, pendant l'hiver, on a fait les évaluations les plus indispensables.

« La troisième époque, c'est-à-dire au commencement de l'été, vers le milieu ou la fin de juin, et toujours avant la récolte des foins, présente cet avantage que dans cette saison, les magasins sont presque vides, la laine est serrée et souvent déjà vendue. En revanche, dans cette saison on a peu de temps à donner à la comptabilité; cependant cette époque est à préférer dans les établissements auxquels est attaché un comptable spécial. »

LIVRES PRINCIPAUX.

Journal.

En traitant de ce livre d'une manière générale et en parlant du journal en partie simple, nous avons donné des explications qui nous dispenseront d'entrer dans de nouveaux développements.

Nous n'avons ici à nous occuper que des formules de rédaction qui, comme nous le savons déjà, diffèrent de celles usitées dans la partie simple et sont appelées à introduire beaucoup plus de clarté dans les écritures. Dans chaque article inscrit au journal figurent et le débiteur et le créditeur séparés par les mots *doit à* (1).

Reprenons les articles qui nous ont servi dans la partie simple et faisons-leur subir la rédaction de la partie double.

ÉCRITURES PASSÉES SUR LE JOURNAL EN PARTIE DOUBLE.

Journal commencé le 1ᵉʳ janvier 184   .

	— 1 janvier —		
2. — 7.	PIERRE de Louvain à GRAINS EN MAGASIN , pour 30 hectolitres de blé à lui vendus, à 20 fr. l'hectol.	600	»
	— dito —		
9. — 8.	MOBILIER à JEAN de Louvain, s/mémoire pour harnais par lui vendu.	500	»
	— 2 —		
1. — 10.	CAISSE à VOLAILLES, vente de 200 œufs, à 5 fr. le °/₀.	10	»
	— dito —		
6. — 2.	EFFETS A RECEVOIR à PIERRE de Louvain, s/billet à n/o p/solde de tout compte.	600	»
	— 3 —		
5. — 1.	FRAIS GÉNÉRAUX à CAISSE, diverses dépenses de ménage.	40	»
	— dito —		
7. — 1.	GRAINS EN MAGASIN à CAISSE, achat de 100 hectolitres avoine, à 8 fr.	800	»

Dans les articles que nous avons sous les yeux, il n'y a qu'un seul débiteur et qu'un seul créditeur, et le libellé explique l'action des deux parties ; mais il arrive fréquemment que, dans les opérations d'une journée, le même compte se trouve débiteur ou créditeur de plusieurs autres. Pour simplifier les écritures, il est d'usage de désigner collectivement les débiteurs ou les créditeurs communs par l'expression *divers*. On écrira donc :   *Divers doivent à tel.*

Ou bien :   *Un tel doit à divers.*

Dans le premier cas, il faut un libellé pour chaque dé-

(1) Dans la pratique on supprime le mot *doit* et l'on écrit simplement : *un tel à un tel.*

7.

biteur et un pour le créancier; dans le second cas, un libellé pour chaque créancier et un pour le débiteur.

Il peut aussi arriver que l'on ait à la fois, dans le même article, plusieurs débiteurs et plusieurs créditeurs :

Divers doivent à divers.

C'est ce qui se présente souvent dans les répartitions que l'on effectue à la fin de l'année. On explique nécessairement dans des libellés spéciaux l'action de chaque débiteur et de chaque créditeur.

La première colonne à gauche du journal est destinée à recevoir les folios du grand livre; dans la partie double, au lieu d'un seul chiffre indicateur, il y en a continuellement deux, séparés par un petit trait horizontal : celui qui est au-dessus de la barre indique le folio du compte débiteur, celui qui est au-dessous, le folio du compte créditeur.

Les documents fournis par les livres auxiliaires sur les magasins, cultures, animaux, doivent être réunis et transportés sur le journal. On procède de la même manière pour la répartition des frais généraux. Toutes ces écritures doivent figurer sur le journal avant de prendre place sur le grand livre où elles facilitent la balance d'un bon nombre de comptes.

GRAND LIVRE.

Nous avons déjà dit antérieurement que ce registre se tient à *livre ouvert*, c'est-à-dire que chaque compte y est dressé sur deux pages en regard, marquées du même folio; la page gauche est attribuée au *débit*, la page droite est réservée au *crédit*.

La première chose à faire lorsque l'on ouvre un grand livre, c'est de raisonner la classification des différents comptes et leur distribution sur le registre. La prévision exacte du nombre de feuillets qu'il convient d'attribuer à chacun d'eux, est assez difficile pour un début, dit M. Amand Malo; aussi sera-t-il prudent de laisser à chaque compte important une page de plus pour les cas imprévus. Quelques pages blanches, ajoute-t-il, pouvant servir à l'occasion, devront séparer chaque groupe de comptes.

Pour les comptes qui regardent les personnes on n'en ouvre qu'à celles avec qui ont fait de nombreuses affaires. Les autres sont réunis par deux, trois, quatre, sur une même feuille que l'on divise également, par des traits à l'encre.

La disposition du grand livre en partie double est la même que celle indiquée pour la partie simple, nous avons le même nombre de colonnes, mais il y a une différence dans la transcription. Chaque article du journal en partie double a un débiteur et un créditeur et exige que nous effectuions un double report. Dans la partie simple, après avoir placé la date, on consigne brièvement le fait accompli; dans la partie double, après avoir également mis la date, on écrit, en caractères saillants, le nom du *créancier* précédé du mot *à* si l'on reporte au débit, et, au contraire, le nom du *débiteur* précédé du mot *par*, si l'on reporte au crédit.

Une chose essentielle en opérant la transcription des articles du journal au grand livre, c'est d'inscrire exactement la même somme au débit du débiteur et au crédit du créditeur. Ce travail est quelquefois accompagné d'erreurs qui sont révélées, il est vrai, par la balance de vérification, mais qu'il faut s'efforcer d'éviter en y apportant une grande attention. Pour ce qui concerne la clôture des comptes nous renvoyons à la page 45 où sont consignés les détails nécessaires à l'intelligence de cette opération.

Opérons maintenant le transport sur le grand livre des articles qui figurent au journal ci-contre.

Folio 1.

Doit. CAISSE.

Année et mois.	Date.	Libellé.	Folio du journal.	Francs.	Centimes.
Janv. 184 .	2	A VOLAILLES, vente de 200 œufs.	1	10	»

Fol. 2.

Doit. PIERRE DE

Année et mois.	Date.	Libellé.	Folio du journal.	Francs.	Centimes.
Janv. 184 .	1	A GRAINS EN MAGASIN, p/vente de 30 hec. de blé.	1	600	»

Fol. 5.

Doit. FRAIS

Année et mois.	Date.	Libellé.	Folio du journal.	Francs.	Centimes.
Janv. 184 .		A CAISSE, diverses dépenses de ménage.	1	40	»

Fol. 6.

Doit. EFFETS A

Année et mois.	Date.	Libellé.	Folio du journal.	Francs.	Centimes.
Janv. 184 .	2	A PIERRE de Louvain, s/B^t à n/o.	1	600	

Fol. 7.

Doit. GRAINS EN

Année et mois.	Date.	Libellé.	Folio du journal.	Francs.	Centimes.
Janv. 184 .	3	A CAISSE, achat de 100 hectol. avoine.	1	500	»

Fol. 8.

Doit. JEAN

Année et mois.	Date.	Libellé.	Folio du journal.	Francs.	Centimes.
Janv. 184 .					

Fol. 9.

Doit. MOBILIER.

Année et mois.	Date.	Libellé.	Folio du journal.	Francs.	Centimes.
Janv. 184 .	1	A JEAN de Louvain, achat de harnais.	1	500	

Fol. 10.

Doit. VOLAILLES.

Année et mois.	Date.	Libellé.	Folio du journal.	Francs.	Centimes.
Janv. 184 .					

LIVRE EN PARTIE DOUBLE.

CAISSE. — Folio 1. — Avoir.

Année et mois.	Date.	Libellé.	Fol. du journ.	Francs.	Centim.
Janv. 184 .	3	Par FRAIS GÉNÉRAUX, diverses dépenses.	1	40	»
	3	Par GRAINS EN MAGASIN, achat de 100 hec. avoine.	1	800	»

LOUVAIN. — Fol. 2. — Avoir.

Année et mois.	Date.	Libellé.	Fol. du journ.	Francs.	Centim.
Janv. 184 .	2	Par EFFETS A RECEVOIR s/billet à n/o p/solde.	1	600	»

GÉNÉRAUX. — Fol. 5. — Avoir.

Année et mois.	Date.	Libellé.	Fol. du journ.	Francs.	Centim.
Janv. 184 .					

RECEVOIR. — Fol. 6. — Avoir.

Année et mois.	Date.	Libellé.	Fol. du journ.	Francs.	Centim.
Janv. 184 .					

MAGASIN. — Fol. 7. — Avoir.

Année et mois.	Date.	Libellé.	Fol. du journ.	Francs.	Centim.
Janv. 184 .	1	Par PIERRE de Louvain, vente de 30 h. blé	1	600	»

DE LOUVAIN. — Fol. 8. — Avoir.

Année et mois.	Date.	Libellé.	Fol. du journ.	Francs.	Centim.
Janv. 184 .	1	Par MOBILIER, achat de harnais.	1	500	

MOBILIER. — Fol. 9. — Avoir.

Année et mois.	Date.	Libellé.	Fol. du journ.	Francs.	Centim.
Janv. 184 .					

VOLAILLES. — Fol. 10. — Avoir.

Année et mois.	Date.	Libellé.	Fol. du journ.	Francs.	Centim.
Janv. 184 .	2	Par CAISSE, vente de 200 œufs.	1	10	»

LIVRE DE CAISSE.

Nous n'avons que deux mots à ajouter concernant ce livre ; au lieu de se tenir sur une seule page où l'on a ménagé deux colonnes, l'une pour les recettes, l'autre pour les dépenses, la caisse, dans la partie double, se tient sur deux pages en regard, comme les comptes du grand livre. (Voir plus loin les extraits des différents livres.)

RÉPERTOIRE DU GRAND LIVRE.

Il consiste en une table alphabétique des comptes ouverts sur ce registre et sert à indiquer les folios des comptes sur lesquels on a des écritures à passer.

Très-souvent le répertoire est annexé au grand livre ; quelquefois il est disposé sur un petit cahier à part ; chaque lettre occupe un feuillet ou une page.

MÉTHODE ABRÉGÉE EN PARTIE DOUBLE.

Cette méthode est fondée sur les mêmes principes que la méthode ordinaire en partie double dont elle ne diffère que par la disposition des comptes. La comptabilité que nous venons de terminer fait usage de deux livres principaux, le journal et le grand livre, qui sont complétement distincts ; ces deux registres se rencontrent également dans la méthode abrégée, mais ils sont fondus en un seul que l'on nomme *journal grand livre.*

Ce livre est établi sur deux pages en regard dont celle de gauche est assimilée au journal et celle de droite au grand livre. Cette dernière est divisée en un nombre de colonnes plus ou moins grand, mais elle doit en porter au moins sept. Chacune de ces colonnes est elle-même divisée par *débit* et par *crédit* et reçoit pour suscription le nom de l'un des six comptes généraux que nous avons établis précédemment. La septième porte pour intitulé *divers* et tient lieu de tous les comptes qui ne sont pas de la nature des six précédents.

La page gauche tient lieu de journal et se traite de la même manière que le journal ordinaire en partie double ; la seule différence que l'on y remarque, c'est que la date, au lieu d'être placée au-dessus de l'article, est inscrite en marge. Elle est divisée en sept colonnes : la première à gauche est affectée au mois et à l'année, la seconde reçoit la date, la troisième, le numéro d'ordre des articles, la quatrième, les folios des comptes compris dans la colonne *divers* ; dans la cinquième, qui est large, on inscrit en caractère demi-gros le nom du débiteur et celui du créditeur à la suite desquels vient le libellé de l'opération en termes clairs et concis, de manière à pouvoir tenir sur une seule ligne, autant que possible ; dans la cinquième et la sixième, on consigne la somme principale.

Pour inscrire les articles sur la page gauche, on opère donc identiquement de la même manière que sur un journal ordinaire. Pour le transport au grand livre, il n'y a qu'à placer la somme du journal au débit du compte débiteur et au crédit du compte créditeur dans leur colonne respective et sur la même ligne que l'article du journal, en ayant soin de conduire l'œil à chaque somme par des points qui partent de l'article dont elle dépend.

Lorsqu'une page est remplie, on fait l'addition des sommes du journal, de même que du débit et du crédit de chaque colonne et, s'il n'y a pas d'erreur, ces trois sommes doivent être identiques et fournissent en conséquence une *balance de vérification*.

Comme on le voit, cette méthode est excessivement

simple et rend le travail du grand livre pour ainsi dire nul, vu qu'il se réduit à inscrire les sommes dans les colonnes des monnaies; elle offre ensuite l'avantage de présenter sur une seule page les achats et les ven-

Folio 4.

JOURNAL

ANNÉE et MOIS.	Dates du mois.	Numéro d'ordre.	N⁰ˢ des comptes courants.	LIBELLÉ DES OPÉRATIONS.	SOMMES du JOURNAL.		CAPITAL.	
							Débit.	Crédit
					fr.	c.	fr. c.	fr.
Mai 1849.	15	1	»	Fabry à capital, valeur de n/ propriété à lui vendue.	15000	»	» »	» 15000
	16	2	»	Caisse à Fabry, son versement.	5600	»	» »	»
	17	3	»	Exploitation à Mercier, achat d'un cheval de labour.	700	»	» »	»
	18	4	»	Exploitation à Gilbert, achat de 10 vaches. à 300 fr., 3000 »				
				Dito, de 200 moutons, à 25 fr., 5000 »	8018	»	» »	»
				Dito, de 10 poules et 1 coq, 18 »				
	19	5	»	Caisse à exploitation, vente de 50 hect. blé, à 20 fr., 1000 »				
				Dito, vente de 20 h. colza, à 25 fr., 500 »	1500	»	» »	»
	20	6	»	Effets à payer à Laurent, n/B à s/o fin courant.	80	»	» »	»
	21	7	»	Effets à recevoir à Gilbert S/R** s/valoir au 1er août.	140	25	» »	»

Quand on fait usage de cette méthode, on tient, concurremment avec le journal grand livre, un registre intitulé *livre des comptes courants*, dans lequel on ouvre un compte à chaque individu ou à chaque objet porté dans la colonne *divers*, ou même aux subdivisions des comptes généraux.

tes, l'entrée et la sortie des fonds et des billets, tous les mouvements de la caisse, le résultat de tous les comptes des débiteurs et de tous les créanciers, de même que les bénéfices et les pertes.

Folio 1.

GRAND LIVRE.

EXPLOITATION				CAISSE				EFFETS À PAYER				EFFETS à RECEVOIR				PROFITS et PERTES				DIVERS			
Débit.		Crédit.		Débit.		Crédit.		Débit.		Crédit.		Débit.		Crédit.		Débit.		Crédit.		Débit.		Crédit.	
fr.	c.	fr.	c.	fr.	c.	fr.	c.	fr.	c.	fr.	c.	fr.	c.	fr.	c.	fr.	c.	fr.	c.	fr.	c.	fr.	c.
»	»	»	»	»	»	»	»	»	»	»	»	»	»	»	»	»	»	»	»	15000	»	»	»
»	»	»	»	5600	»	»	»	»	»	»	»	»	»	»	»	»	»	»	»	»	»	5600	»
90	»	»	»	»	»	»	»	»	»	»	»	»	»	»	»	»	»	»	»	»	»	700	»
18	»	»	»	»	»	»	»	»	»	»	»	»	»	»	»	»	»	»	»	»	»	8618	»
»	»	1500	»	1500	»	»	»	»	»	»	»	»	»	»	»	»	»	»	»	»	»	»	»
»	»	»	»	»	»	»	»	80	»	»	»	»	»	»	»	»	»	»	»	»	»	80	»
»	»	»	»	»	»	»	»	»	»	»	»	140	25	»	»	»	»	»	»	»	»	140	25

Pour opérer la *balance générale* des comptes, on procède d'abord à la *balance de vérification* afin de s'assurer de l'exactitude des transports, puis on *dresse l'inventaire*. Dans cette opération, la colonne *divers* peut seule présenter quelques difficultés, mais elles ne sont qu'apparentes : en effet, il suffit, à l'aide des deux articles *balance de sortie à divers* et *divers à balance de sortie*, d'y créditer ou d'y débiter sous un nom particulier chacun des comptes compris dans cette colonne, après avoir cherché les différences existant au livre des comptes courants. Tous ces soldes sont ensuite transportés sur ce dernier livre, et de cette manière tous les comptes se trouvent *balancés* ou *soldés*.

Cette méthode est trop simple pour que nous lui consacrions plus de développement; à l'inspection seule du journal grand livre, les personnes quelque peu familiarisées avec les principes de la comptabilité en comprendront immédiatement le mécanisme.

Nous ne pouvons terminer ce sujet sans présenter une observation qui nous paraît fort importante. Le cultivateur qui, pour la première fois, établit une comptabilité, qui, par conséquent, n'a pas de données certaines sur la valeur de ses spéculations, ne peut faire usage de la méthode abrégée, telle que nous l'avons présentée dans le modèle ci-dessus, pour les raisons exposées en traitant de la *subdivision des comptes généraux* (p. 50). Nous croyons que cette comptabilité est surtout très-avantageuse pour l'exploitant qui, déjà, a pu constater que ses opérations sont bonnes et est éclairé sur les éléments des frais qu'elles nécessitent. Toutefois, si quelque cultivateur, séduit par l'extrême simplicité de la méthode, voulait l'introduire dans son exploitation, nous lui recommanderons de multiplier les colonnes ouvertes sur la page droite consacrée au grand livre, et de faire en même temps usage de quelques livres auxiliaires où il puisera les renseignements propres à lui indiquer ce qu'il y a d'onéreux ou de lucratif dans ses différentes entreprises.

EXTRAITS DU GRAND LIVRE.

Folio 1.

Doit. CAISSE.

1849.			FOLIO du journal.		
Mai	51	A divers p/versements pendant le mois.		4,365	75
Juin . . .	30	A divers p/versements pendant le mois.		3,425	65
Juillet . . .	34	A divers p/versements pendant le mois.		1,265	55
		Nota. Le livre de caisse qui, comme nous l'avons déjà dit, a la même disposition que le compte de caisse du grand livre, fournit le détail de toutes les sommes portées ici globalement.		9,056	35

Folio 2.

Doivent. EFFET[S]

1849.			FOLIO du journal.		
Juillet . . .	15	A Valois s/Rⁱᵉ s/Benoît au 15 décembre.		500	»
Août . . .	20	A Laurent s/Bᵗ h n/o fin courant.		65	25
Septembre .	16	A Gilbert s/Rᵉᵉ s/Valois au 20 novembre.		78	»

Folio 5.

Doivent. EFFET[S]

1849.			FOLIO du journal.		
Août	1	A caisse payement de n/Bᵗ o/Girardet.		595	25

Folio 1.

CAISSE.

Avoir.

1849.			FOLIO du journal.		
Mai.	31	Par divers p/payements pendant le mois.		3,625	45
Juin . . .	30	Par divers p/payements pendant le mois.		2,643	»
Juillet . . .	31	Par divers p/payements pendant le mois.		892	72
		Par balance de sortie.		1,895	78
				9,056	95

Folio 2.

A RECEVOIR

Avoir.

1849.			FOLIO du journal.		
Juillet . . .	20	Par Mathieu remise de n/Tte s/Benoît.		50	»
Août. . . .	31	Par caisse, encaissement de n/effet s/Laurent.		65	25
Novembre. .	20	Par caisse, encaissement de la Rte de Gilbert.		78	»

Folio 3.

A PAYER.

Avoir.

1849			FOLIO du journal.		
Juillet . . .	10	Par Girardet n/Bt b s/o au 1er août.		508	25

Folio 4.
Doivent. CHEVAUX

1849.		Capital.	Foin de pré.	Pailles de céréales.	Avoine.	Ferrage.	Frais divers.	F° du journal.	
Mai. 2	A caisse, achat de 4 chevaux.	2020 »	»	»	»	»	»	»	2020 »
» 5	A dito, achat d'un cheval.	355 »	»	»	»	»	»	»	355 »
Sept. 22	A dito, » »	550 »	»	»	»	»	»	»	550 »
Nov. 28	A dito, payement au forge-ron.	»	»	»	»	50 »	»	»	50 »
» 30	A Beaufays s/mémoire pour ferrage.	»	»	»	»	45 »	»	»	45 »
» »	A divers, soins et ferrage.	»	»	»	»	2 50	14 50	»	17 00
» »	A divers, consommations.	»	4195 74	277 68	1323 10	»	»	»	5796 52
» »	A mobilier, moins value.	»	»	»	»	»	37 50	»	37 50
» »	A frais généraux, solde.	»	»	»	»	»	»	»	278 28
									9149 30

Folio 5.
Doit. FUMIER

1849.		FUMIER		Frais.	F° du journal.	
		Brouettes	Argent.			
Mai. 4	A avances aux cultures p/290 voitures de fu-mier.	»	5800	»	»	5800 »
Nov. 30	A divers, frais d'employés, de chevaux et de journaliers.	»	»	15	»	45 »
» »	A divers, 40 bottes de paille.	»	»	»	»	11 98
» »	A divers, fumier mis au tas pendant l'année.	3498	»	»	»	2652 »
						8508 98

Folio 6.
Doivent. ENGRAIS D'ÉCURIE

1849.		1847-48.	1848-49.	1849-50.	F° du journal.	
Mai. 1	A avances aux cultures, fumiers en terre, 3e division.	4400 »	»	»	»	4400 »
» »	A avances aux cultures, fumure de la sole entière, 2e division.	»	8800 »	»	»	8800 »
» 28	A caisse, charroi de 84 voitures fumier, à 2 fr., 1re division.	»	»	168 »	»	168 »
Nov. 30	A divers, répartition des travaux; frais de conduite et d'épandage :					
	1re division.	»	»	463 93		
	2e division.	»	»	181 32		647 40
	Jardin	»	»	2 15		
» »	A fumier au tas, 1re division.	»	»	7027 93		
	2e division.	»	»	1309 90		8349 98
	Jardin.	»	»	12 15		
						22365 38

DE TRAVAIL. **Avoir.**

1849.			Capi-tal.	TRAVAUX.		FUMIER.			Folio du journal.		
				Heu-res.	Argent.	Bronet-tes.	Fumerous	Argent			
Oct.	1	Par caisse, vente d'un che-val,	490	»	»	»	»	»	»	»	490	»
Nov.	50	Par divers, travaux de l'année	»	»	9964	2989	20	»	»	»	»	»	2989	20
»	»	Par fumier au tas, fumier de l'exercice.	»	»	»	»	»	643	253 1/2	» 474	»	471	»
		Par balance de sortie.	»	»	»	»	»	»	»	»	»	2200	»
											6150	20

AU TAS. **Avoir.**

1849.			Folio du journal.		
Nov.	50	Par engrais d'écurie en terre.		8340	98
»		Par balance de sortie.		168	»
				8508	98

EN TERRE. **Avoir.**

1849.				Fo du journal.		
Nov.	30	Par divers, première division, fumier absorbé . . . 637 82				
»	»	» deuxième division, » . . . 4400 00			9444	96
»	»	» troisième division, » . . . 4400 00				
»	»	Jardin, » . . . 7 14				
»	»	Par balance de sortie.			12944	12
					22356	08

Doit.   ÉCONOMAT.

1849.			LENTILLES.		POIS.		HARICOTS.		SEL.		F° du journal.	Total
			Litres.	Argent.	Litres.	Argent.	Litres.	Argent.	Kilog.	Argent.		
Juin.	10	A caisse pour transport.	»	» »	»	2 »	»	1 50	»	» »	»	5 60
Juillet.	4	A Lagrange.	»	» »	»	» »	»	» »	8	4 80	»	4 80
»	5	A Dupuy.	12	4 80	20	6 80	20	6 »	»	» »	»	17 60
Nov.	30	A dito.	15	6 »	34	10 20	30	9 »	»	» »	»	25 20
»	»	A Lagrange.	»	» »	»	» »	»	» »	250	150 »	»	450 »
												291 40

Nota. Des colonnes, semblables à celles figurant au modèle ci-joint, sont ouvertes à toutes les denrées qui entrent dans le compte économat.

Doivent.   RACINES ET TUBERCULES

1849.			POMMES DE TERRE.		BETTERAVES.		RACINES DIVERSES.		F° du journal.	Total
			Litres.	Argent.	Litres.	Argent.	Litres.	Argent.		
Juin.	16	A caisse, achat de racines et tubercules.	15000	260 »	350	4 35	»	» »	»	264 35
Nov.	30	A divers, frais de magasin.	»	13 10	»	» »	»	» »	»	13 10
»	»	A divers, récolte.	»	» »	»	» »	»	» »	»	2500 »
										2777 45

Doivent.   GRAINS

1849.			FROMENT D'HIVER.		MÉTEIL.		AVOINE.		ORGE.		F° du journal.	Total
			Litres.	Argent.	Litres.	Argent.	Litres.	Argent.	Litres.	Argent.		
Juin.	1	A Foulde, achat.	»	» »	1200	216 »	»	» »	»	» »	»	216 »
»	25	A caisse, payement p/tarardage.	»	20 75	»	» »	»	» »	»	» »	»	20 75
Sept.	2	A caisse, payement.	»	» »	»	» »	1400	980 »	»	» »	»	980 »
Déc.	25	A divers, conduire, ensacher, cribler.	»	74 »	»	11 »	»	» 2	»	35 10	»	127 10
»	30	A divers, récolte.	»	» »	»	» »	»	» »	»	» »	»	8425 12
												9767 »

ÉCONOMAT.   Avoir.

1849.			LENTILLES.			POIS.			HARICOTS.			SEL.			Fo du journal.		
			Litres.	Argent		Litres.	Argent		Litres.	Argent		Litres.	Argent				
Nov.	20	Par divers, consommations,	24.125	40	17	47.75	48	61	46.73	15	83	207.25	125	70		150	31
»	»	Par balance de sortie.	4.500	»	63	4.	»	39	2.	»	67	48.	29	40		50	79
																201	10

EN MAGASIN.   Avoir.

1849.			POMMES DE TERRE.			BETTERAVES.			RACINES DIVERSES.			Fo du journal.		
			Litres.	Argent		Litres.	Argent		Litres.	Argent				
Déc.	30	Par divers, consommations.	»	»	»	»	»	»	»	»	»		676	44
»	»	Par balance de sortie.	»	»	»	»	»	»	»	»	»		2101	34
													2777	45

EN MAGASIN.   Avoir.

1849.			FROMENT D'HIVER.			MÉTEIL.			AVOINE.			ORGE.			Fo du journal.		
			Litres.	Argent		Litres.	Argent		Litres.	Argent		Litres.	Argent				
Octob.	5	Par Amiot, vente.	100	20	»	»	»	»	»	»	»	»	»	»		20	»
»	»	Par Édouard, vente.	4500	900	»	»	»	»	»	»	»	»	»	»		900	»
Nov.	2	Par Damoulin.	»	»	»	»	»	»	»	»	»	5000	500	»		500	»
»	»	Par Pierre.	»	»	»	»	»	»	4500	315	»	»	»	»		315	»
Déc.	30	Par balance de sortie.	»	»	»	»	»	»	»	»	»	»	»	»		8032	»
																9767	»

Folio 10.

Doit. MOBILIER.

1849.			Bergerie.		Porcherie.		Harnais et meubles d'écurie.		Vacherie.		Potager et verger.		Instruments aratoires.		F° du journ.	Total	
Mai.	1	A Durant p/instruments.	»	»	»	»	»	»	80	»	»	»	325	»	»	405	»
»	»	A Thoinard.	»	»	»	»	285	»	»	»	»	»	»	»	»	285	»
»	»	A Finot.	»	»	»	»	2	»	64	»	30	»	»	»	»	96	»
»	2	A caisse divers objets.	»	»	»	»	21	50	52	»	»	»	»	»	»	73	50
»	»	A d°, transport du mobilier.	»	»	»	»	6	»	5	»	1	»	6	»	»	18	»
Juill.	4	A Debru, divers objets.	520	»	33	»	»	»	»	»	»	»	»	»	»	553	»
Août.	7	A caisse, mise en couleur de 2 charrues.	»	»	»	»	»	»	»	»	»	»	6	»	»	6	»
»	»	A d°, réparation de claies de parc.	6	»	»	»	»	»	»	»	»	»	»	»	»	6	»
Déc.	30	A dito, réparation d'instruments.	»	»	»	»	»	»	»	»	»	»	50	»	»	50	»
»	»	A divers, réparer et graisser.	»	»	»	»	7	50	»	»	»	»	»	»	»	7	50
																1302	»

Folio 11.

Doivent. FRAIS

1849.			Communs aux céréales.		Communs aux cultures.		Dépenses du fermier.		Entretien des chemins.		Frais divers.		F° du journ.	Total	
Juin.	1	A caisse, prise de 50 taupes.	»	»	10	»	»	»	»	»	»	»	»	40	»
»	4	A caisse, p/livres de comptabilité et du fermier.	»	»	»	»	5	»	»	»	15	»	»	20	»
»	5	A caisse, assurance contre l'incendie.	»	»	»	»	»	»	»	»	20	»	»	20	»
Juill.	3	A caisse, achat de seigle p/liens.	25	»	»	»	»	»	»	»	»	»	»	25	»
»	10	A caisse, payement de dépenses de ménage.	»	»	»	»	100	»	»	»	»	»	»	100	»
»	15	A caisse, réparations des chemins.	»	»	»	»	»	»	35	»	»	»	»	35	»
Août.	24	A caisse, p/ficelles et clous.	»	»	»	»	»	»	»	»	5	»	»	5	»
Déc.	30	A mobilier, moins value.	»	»	475	25	»	»	»	»	»	»	»	475	25
»	»	A divers, frais.	32	»	»	»	»	»	»	»	341	60	»	373	60
»	»	A ménage du fermier, p/solde.	»	»	»	»	605	15	»	»	»	»	»	605	15
													1759	»

MOBILIER.   **Avoir.**

1849.			Berge-rie.		Porche-rie.		Harnais et meubles d'écurie.		Vache-rie.		Potager et verger.		Instruments aratoires.		F° du journ.		
Déc.	30	Par divers, moins va-lue,	52	»	4	»	57	50	24	»	4	»	97	»		215	50
»	»	Par balance de sor-tie.	204	»	34	»	264	50	180	»	27	»	290	»		1086	50
																1302	»

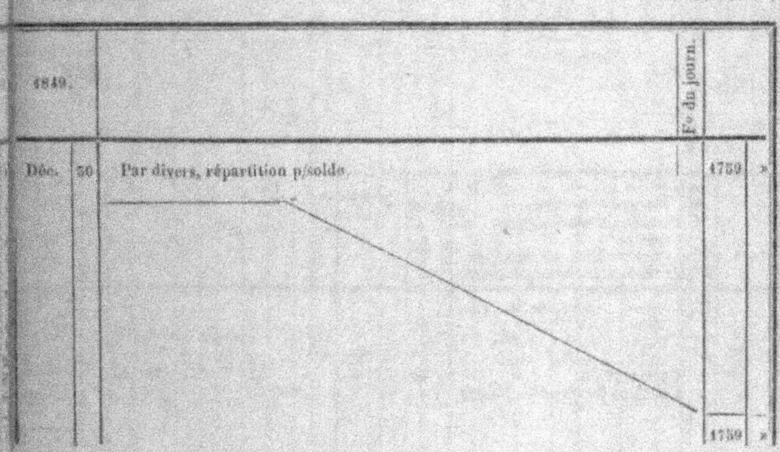

GÉNÉRAUX.   **Avoir.**

1849.			F° du journ.		
Déc.	30	Par divers, répartition p/solde.		1759	»
				1759	»

LIVRES AUXILIAIRES.

(EXTRAITS.)

Nº 1. *Tableau de paye des journaliers du 1er au 15 mai 1849.*

NOMS des JOURNALIERS.	1	2	3	4	5	6	7	8	9	10	11	12	13	14	15	Nombre d'heures.	taux de la journée.	TOTAL pour la QUINZAINE.
	V	S	D	L	M	M	J	V	S	D	L	M	M	J	V			
Georges.	5	5	»	5	5	10	10	10	10	»	10	»	10	»	10	90	1 50	13 50
Fauchamp.	»	»	»	10	10	10	10	10	10	»	10	»	10	10	10	100	1 25	12 50
Jérôme.	»	»	»	10	10	10	10	10	10	»	10	»	10	10	10	100	1 25	12 50
Nicolas.	»	»	»	10	10	»	»	»	»	»	»	»	»	»	10	30	1 25	3 75
Henrion.	5	5	»	10	10	5	5	»	»	»	»	»	»	»	10	50	1 25	6 25
Femme Jérôme.	»	»	»	»	»	10	10	10	10	»	10	»	10	10	10	80	0 90	7 20
Femme Hayet.	»	»	»	»	»	10	10	10	10	»	10	»	10	10	10	80	0 90	7 20
Laurent fils.	»	»	»	»	»	»	»	»	»	»	»	»	»	10	10	20	0 90	1 80
Femme Laurent.	»	»	»	»	»	»	»	»	»	»	»	»	»	10	10	20	0 90	1 80
Basile.	»	»	»	»	»	»	»	»	»	»	»	»	»	»	10	10	1 25	1 25
Maillard.	»	»	»	»	»	»	»	»	»	»	»	»	»	»	10	10	1 25	1 25

Total du tableau nº 1. 69 00

Nº 2. *Du 16 au 31 mai 1849.*

NOMS	16	17	18	19	20	21	22	23	24	25	26	27	28	29	30	31
	S	D	L	M	M	J	V	S	D	L	M	M	J	V	S	D

Mois d   **1849.**

DATES.	NOMBRE des ANIMAUX	CONSOMMATION DE LA VACHERIE.									OBSERVATIONS.
		Foin de pré.	Paille d'avoine.	Paille de blé.	Betteraves.	Pommes de terre.	Foin de trèfle.	Vert de pré.	Menue-paille.	Sel.	
		Bottes.	Bottes.	Bottes.	Litres.	Litres.	Bottes.	Kilog.	Sacs.	Kilog.	
1											
2											
3											
4											
5											
6											
7											
8											
9											
10											
11											
12											
13											
14											
15											
16											
17											
18											
19											
20											
21											
22											
23											
24											
25											
26											
27											
28											
29											
30											
31											
Total.											

Nota. Sur cette feuille, on inscrit, jour par jour, la consommation des animaux. Il en faut une par mois pour chaque espèce de bétail. Au bout du mois, on additionne et l'on porte les totaux

Mois d   1849.

DATES.	NOMBRE des ANIMAUX.	CONSOMMATION DES PORCS.									OBSERVATIONS.
		Pommes de terre crues.	Farine d'orge.	Paille de blé.	Vert de pré.	Criblures.	Lait.	Son.	Pommes de terre cuites.		
		Litres.	Litres.	Bottes.	Kilog.	Litres.	Litres.	Litres.	Litres.		
1											
2											
3											
4											
5											
6											
7											
8											
9											
10											
11											
12											
13											
14											
15											
16											
17											
18											
19											
20											
21											
22											
23											
24											
25											
26											
27											
28											
29											
30											
31											
Total.											

au livre *cultures et magasins*. La tenue de ce livre ne présente aucune difficulté; la disposition seule indique la manière de s'en servir.

MOIS DE L'ANNÉE.	NOMBRE des PERSONNES.	Pommes de terre. — Litres.	Haricots. — Litres.	Pois. — Litres.	Farine de blé. — Litres.	Pain. — Kilog.	Viande. — Kilog.	Lard. — Kilog.	Graisse. — Kilog.	Chandelle. — Kilog.	Savon. — Kilog.
1											
2											
3											
4											
5											
6											
7											
8											
9											
10											
11											
12											
13											
14											
15											
Totaux.											

MÉNAGE

	NOMBRE des PERSONNES.										
1											
2											
3											
4											
5											
6											
7											
8											
9											
10											
11											
12											
13											
14											

FERMIER.

Bière.	Vinaigre.	Sel.	Riz.	Bois.	Œufs.	Volaille.	Lait.	Beurre.	Fromage.	Huile à brûler.	Paires et menue épicerie.	Légumes du potager.
—	—	—	—	—	—	—	—	—	—	—	—	—
Litres.	Litres.	Kil.	Kil	Stères.	Pièces.	Pièces.	Litres.	Kilog.	Kilog.	Kilog.	Argent	Argent

DES EMPLOYÉS.

FOLIOS du livre, cultures et magasins.	NATURE DES TRAVAUX.	ÉNUMÉRATION des quantités.
	1	
	Chevaux. Nettoyer leur écurie.	»
	» Aller à la foire.	»
	Bois en magasin. Scier et fendre.	»
	2	
	Chevaux. Ramener de la foire	»
	Bois en magasin. Scier et fendre.	»
	Entretien des chemins. Réparations.	»
	4	
	Fumier au tas. Chevaux.	1 brouette.
	Engrais en terre. 1re division. Conduire fumier.	69 fumerons.
	» Charger.	»
	» Épandre.	»
	Engrais en terre. Jardin, conduire.	5 fumerons.
	Jardin. Labourer et semer.	»
	5	
	Fumier au tas. Chevaux.	1 brouette.
	» Vaches.	2 brouettes.
	Engrais en terre. 1re division, conduire.	72 fumerons.
	» Charger et épandre.	»
	Jardin. Labourer et semer.	»
	6	
	Fumier au tas. Chevaux.	1 brouette.
	» Vaches.	2 brouettes.
	Engrais en terre. 1re division, conduire.	60 fumerons.
	» Charger et épandre.	»
	Frais de culture. 1re division, labourer pour pommes de terre.	»
	» Planter pommes de terre.	1000 litres.
	Jardin. Labourer et semer.	»
	7	
	Fumier au tas. Chevaux.	1 brouette.
	» Vaches.	2 brouettes.
	Engrais en terre. 1re division, conduire.	60 fumerons.
	» Charger et épandre.	»
	Frais de culture. Pommes de terre. Labourer et planter.	1000 litres.
	Jardin. Labourer et semer.	»
		A reporter. .

| TRAVAUX DES EMPLOYÉS ET DES ANIMAUX. | | | | | TRAVAUX DES JOURNALIERS. | | | |
| Employés. | Chevaux. | Bœufs. | Vaches. | | PAR JOUR. | | | Quinzaine. |
Heures.	Heures.	Heures.	Heures.	Heures.	Heures.	Argent.		Argent.
20	»	»	»	»	»	»	»	
10	»	»	»	»	»	»	»	
10	»	»	»	»	»	»	»	
40	»	»	»	»	»	»	»	
20	»	»	»	»	»	»	»	
»	»	»	»	»	»	»	»	
»	»	»	»	»	»	»	»	
0	38	»	»	»	»	»	»	
10	»	»	»	»	40	4	50	
»	»	»	»	»	20	2	50	
1	2	»	»	»	»	»	»	
20	»	»	»	»	20	2	50	
»	»	»	»	»	»	»	»	
»	»	»	»	»	»	»	»	
10	40	»	»	»	30	4	»	
10	»	»	»	»	20	2	50	
20	»	»	»	»	»	»	»	
»	»	»	»	»	»	»	»	
»	»	»	»	»	»	»	»	
10	50	»	»	»	30	4	»	
10	»	»	»	»	»	»	»	
10	20	»	»	»	20	4	80	
10	10	»	»	»	10	4	25	
10	»	»	»	»	»	»	»	
»	»	»	»	»	»	»	»	
»	»	»	»	»	»	»	»	
40	50	»	»	»	30	4	»	
40	»	»	»	»	20	4	80	
10	20	»	»	»	10	4	25	
10	»	»	»	»	»	»	»	
240	190				220	27	40	

10.

FOLIOS du livre, cultures et magasins.	NATURE DES TRAVAUX.	ÉNUMÉRATION des quantités.
		Report . . .
	— 8 —	
	Fumier au tas. Chevaux.	2 brouettes.
	» Vaches.	Id.
	Engrais en terre. 1re division, conduire. Charger et épandre.	72 fumerons.
	Pommes de terre en magasin. Trier.	»
	Frais de culture, 4e division, nettoyer prairies.	»
	— 9 —	
	Fumier au tas. Chevaux.	1 brouette.
	» Vaches.	2 brouettes.
	Engrais en terre. 1re division, conduire, charger, épandre.	72 fumerons.
	Pommes de terre en magasin. Trier.	»
	Frais de culture. 4e division, nettoyer prairies.	»
	— 10 —	
	Fumier au tas. Chevaux.	1 brouette.
	» Vaches.	2 brouettes.
	— 11 —	
	Fumier au tas. Chevaux.	1 brouette.
	» Vaches.	2 brouettes.
	Engrais en terre. 1re division, conduire, charger, épandre.	60 fumerons.
	Frais de culture. 1re division, planter pommes de terre et labourer.	1000 litres.
	Entretiens des chemins, réparations.	»
	— 12 —	
	Fumier au tas. Chevaux.	2 brouettes.
	» Vaches.	Id.
	» Porcs.	1 brouette.
	Entretiens des chemins. Charger et conduire pierres et réparer.	»
	Pommes de terre en magasin. Trier.	»
	— 13 —	
	Engrais en terre. 1re division, conduire, charger, épandre.	60 fumerons.
	Frais de culture. 1re division, labourer et planter pommes de terre.	1000 litres.
	— 14 —	
	Frais de culture. 1re division, labourer et planter pommes de terre.	2000 litres.
	Engrais en terre. 1re division, charger et épandre. Conduit à tâche.	72 fumerons.
	— 15 —	
	Frais de culture. 1re division, labourer et planter pommes de terre.	2000 litres.
	Engrais en terre. 1re division, charger et épandre fumier. Conduit à tâche.	144 fumerons.

| TRAVAUX DES EMPLOYÉS ET DES ANIMAUX | | | | | TRAVAUX DES JOURNALIERS. | | |
| Employés. | Chevaux. | Bœufs. | Vaches. | | PAR JOUR. | | Quinzaine. |
Heures.	Heures.	Heures.	Heures.	Heures.	Heures.	Argent.	Argent.
240	190				220	27	10
»	»	»	»	»	»	»	»
»	»	»	»	»	»	»	»
20	40	»	»	»	50	4	»
»	»	»	»	»	20	4	80
20	»	»	»	»	»	»	»
»	»	»	»	»	»	»	»
»	»	»	»	»	»	»	»
20	40	»	»	»	50	4	»
»	»	»	»	»	20	1	80
2)	»	»	»	»	»	»	»
»	»	»	»	»	»	»	»
»	»	»	»	»	»	»	»
5	»	»	»	»	»	»	»
»	»	»	»	»	»	»	»
20	50	»	»	»	50	4	»
10	20	»	»	»	20	1	80
10	»	»	»	»	»	»	»
»	»	»	»	»	»	»	»
»	»	»	»	»	»	»	»
30	10	»	»	»	»	»	»
10	»	»	»	»	»	»	»
20	50	»	»	»	30	4	»
10	20	»	»	»	20	1	80
20	40	»	»	»	40	3	60
20	»	»	»	»	20	2	50
20	40	»	»	»	40	5	60
10	»	»	»	»	70	9	»
							69

LIVRE DES CULTURES ET MAGASINS.

(EXTRAITS.)

DATES.			FRAIS.			Journa-liers.		Divers.		QUANTITÉS. Boîtes à 20 fr. le 100.		Totaux en argent.	
			Em-ployés.	Che-vaux.	Bœufs.								
			HEURES.			F.	C.	F.	C.				
Mars.	4-9	Botteler.	40										
»	11-16	Botteler.	50										
			40	»	»	»	»	»		»		5	»
		A 4e division, récolté.	»	»	»	»	»	»		47600		3520	»
		A avances aux cultures.	»	»	»	»	»	»		1800		535	»
		A caisse, botteler.	»	»	»	»	»	»		»		37	50
										19100		4090	50

DATES.	Chevaux. — Bottes.	Vaches. — Bottes.	Bêtes à laine. — Bottes.	Bêtes à cornes à l'engrais. — Bottes.				AU COMPTANT.		TOTAUX.	
								Nature.	Argent.	Nature.	Argent.
Mai.	455	261	»	»							
Juin.	430	»	»	»							
Juillet.	465	»	»	»							
Août.	405	»	»	»							
Sept.	474	»	»	»							
Octobre.	558	»	»	»							
Nov.	450	410	»	»							
Déc.	465	416	750	»							
Janvier.	465	350	730	»							
Février.	420	420	640	112							
Mars.	465	668	720	124							
Avril.	430	640	585	120							
Totaux..	5560	2865	3545	556	»	»	»	»	»	»	12126	»	»
Prix, 24 fr. 50 c. les 100 bottes.											
Argent.	1493 74	616 45	719 38	76 57	»	»	»	»	»	»	»	2607 84
Inventaire.				.	.	.	.	.	.	.	6894	4482 66
Déchet.				.	.	.	.	.	.	.	80	» »
										12100	4090 50

DATES. (mois)	(jour)	Travaux	Employés (h.)	Chevaux (h.)	Bœufs (h.)	Journaliers (h.)	Argent — fr.	Argent — c.	Chevaux	Vaches	Bêtes à laine	Porcs	Volailles	Bêtes à cornes à l'engrais		
Mai.	3	»	»	»	»	»	»	»	4							
»	4	»	»	»	»	»	»	»	4							
»	5	»	»	»	»	»	»	»	4	2						
»	6	»	»	»	»	»	»	»	4	2						
»	7	»	»	»	»	»	»	»	4	2						
»	8	»	»	»	»	»	»	»	2	2						
»	9	»	»	»	»	»	»	»	1	2						
»	10	»	»	»	»	»	»	»	4	2						
»	11/31	»	»	»	»	»	»	»	25	86	»	12				
Juin.	30	»	»	»	»	»	»	»	38	480	»	48				
Juill.	31	»	»	»	»	»	»	»	77	486	»	18				
Août.	31	»	»	»	»	»	»	»	77	483	»	18				
Sept.	30	»	»	»	»	»	»	»	39	408	12	48				
Oct.	31	»	»	»	»	»	»	»	46	90	»	18				
»	»	Ranger fumier.	»	»	»	»	1	50	»	»	»	»				
Nov.	30	»	»	»	»	»	»	»	37	468	90	18				
Déc.	31	»	»	»	»	»	»	»	77	468	110	19	1	»		
Janv.	31	»	»	»	»	»	»	»	77	198	121	20				
»	»	Mettre 40 bottes paille dans la cour.	»	»	»	»	»	»	»	»	»	»	»	»	14	2
»	»	Conduire fumier de cour.	30	25	»	»	»	»	55	456	110	20	»	22	15	
Fév.	28	»	»	»	»	»	»	»	58	475	123	18	»	26		
Mars.	30	»	»	»	»	»	»	»	37	468	90	18	»	24		
Avril.	30	»	»	»	»	»	»	»	»	»	»	»	»	»		
			30	25	«	«	1	50	613	1956	661	213	1	72	26	

	à	
Fumier trouvé dans la ferme : 290 voitures, à 5 fumerons chacune,	1450 à 4 f.	3800
Fumier produit : 3198 brouettes, donnant en fumerons,	1341 à 2 f.	2682
	4791	8208

DATES.	1re DIVISION. Fumerons achetés.	2e DIVISION. Fumerons produits.	3e DIVISION. Fumerons produits.	JARDIN. Fumerons produits.	INVENTAIRE. Fumerons.									PRIX du fumeron	TOTAUX.	
															Nature.	Argent.
	1150	»	»	»	»									1 f.	1150	5800 »
	»	603	618	6	»									2 f. 021	1257	2540 98
	»	»	»	»	84									2 f.	84	168 »
Totaux.	1150	603	648	6	84										2701	8508 98
Prix.	4 f.	2 f. 021	2 f. 021	2 f. 021	2 f.											
Argent.	5800 »	1218 95	1309 90	12 13	168 »											

MÉNAGE

DATES.	Nombre des personnes.	Pommes de terre. Litres.	Lentilles. Litres.	Haricots. Litres.	Pois. Litres.	Farine de blé. Litres.	Pain. K.	Viande. Kil.	Lard. Kil.	Graisse. Kil.	Chandelles. Kil.	Huile à manger. K.	Huile à brûler. Kil.	Savon. K.	Vin. L.
Mai.	62	»	1,625	2,250	2,250	»	»	17,500	»	»	1,000	»	»	»	»
Juin.	70	»	1,500	3,000	3,000	4,000	»	25,000	»	»	1,000	»	»	»	»
Juill.	65	»	»	»	»	500	»	18,000	»	500	500	»	»	»	»
Août.	67	»	»	»	»	500	»	19,000	2,000	500	500	»	»	»	»
Sept.	70	40	»	»	»	500	»	21,000	1,500	500	3,000	»	»	»	»
Oct.	68	8	»	»	»	500	»	17,000	1,000	750	4,000	»	4,000	»	»
Nov.	67	7	»	»	»	750	»	20,000	1,000	500	4,000	»	4,000	»	»
Déc.	64	7	1,500	3,000	2,500	500	»	18,000	1,000	500	5,000	»	500	»	»
Janv.	65	8	1,000	3,500	2,000	750	»	17,000	500	750	5,000	»	500	»	»
Fév.	58	7	1,000	3,500	2,500	500	»	16,000	500	500	5,000	»	»	»	»
Mars.	69	6	1,500	3,000	3,000	500	»	16,600	500	500	5,000	»	»	»	»
Avril.	67	5	1,500	2,500	2,500	500	»	17,500	»	»	2,000	»	»	»	»
Totaux	792	58	9,625	20,750	17,750	6,500	»	222,00	8,000	5,000	34,000	»	3,000	»	»
Argent	»	11 f. 21	4 06	7 02	6 91	4 39	»	233,00	9 24	7 52	44 20	»	3 68	»	»

MÉNAGE

DATES.	Nombre des personnes.	Pommes de terre. Litres.	Lentilles. Litres.	Haricots. Litres.	Pois. Litres.	Farine de blé. Litres.	Pain. K.	Viande. Kil.	Lard. Kil.	Graisse. Kil.	Chandelles. Kil.	Huile à manger. K.	Huile à brûler. Kil.	Savon. K.	Vin. L.
Mai.	186	»	»	4,000	3,500	»	»	47	»	4,000	»	»	2,000	»	»
Juin.	184	»	4,000	3,000	4,500	2,000	»	48	»	5,000	»	»	2,000	»	»
Juill.	186	»	500	2,000	3,000	2,000	»	50	»	5,000	»	»	1,000	»	»
Août.	186	»	4,000	1,500	2,500	1,500	»	51	»	4,500	»	»	1,500	»	»
Sept.	184	25,000	1,000	1,000	2,000	2,000	»	48	5	5,000	»	»	4,000	»	»
Oct.	186	80,000	»	4,000	4,500	4,500	»	47	6	5,000	»	»	6,000	»	»
Nov.	184	78,000	4,500	4,500	4,500	4,750	»	48	6	4,000	1	»	8,000	»	»
Déc.	186	84,000	4,500	2,000	2,000	2,000	»	49	7	2,000	1	»	9,000	»	»
Janv.	186	80,000	2,000	2,000	2,500	1,500	»	50	8	2,000	»	»	9,000	»	»
Fév.	168	78,000	2,000	2,000	2,000	2,000	»	48	7	1,500	»	»	9,000	»	»
Mars.	186	78,000	2,000	3,000	2,000	3,000	»	50	7	1,500	»	»	7,000	»	»
Avril.	184	75,000	2,000	3,000	3,000	2,000	»	50	8	1,500	»	»	4,000	»	»
Totaux	2206	576,000	14,500	26,000	30,000	21,250	»	586	54	44,000	2	»	62,500	»	»
Argent	»	11 f. 80	6 11	8 81	11 70	4 55	»	645 29	62 34	60 01	2 60	»	76 64	»	»

Bière. (Litr.)	Vinaigre. (Litres.)	Sel. (Kil.)	Riz. (Kil.)	Pâtes. (Kil.)	Bois. (Stèr.)	Fagots. (Nomb.)	Charbon de bois. (Litr.)	Œufs. (Pièces)	Volailles. (Pièc.)	Lait. (Litres.)	Beurre. (Kil.)	Fromage. (Kil.)	Poivre et épices. (F.C.)	Farine de méteil. (Litr.)	Légumes du potager. (F. C.)
»	1,000	1,000	500	»	»	»	»	18	1	»					
»	1,000	500	1,000	»	»	»	»	30	3	30					
»	500	500	1,000	»	»	»	»	25	8	45					
»	500	500	1,500	»	»	»	»	30	7	40					
»	500	500	2,000	»	»	»	»	28	6	55					
»	250	750	3,000	»	»	»	»	20	8	50					
»	250	500	3,000	»	»	»	»	18	7	50					
»	500	500	1,000	»	»	»	»	6	5	40					
»	500	500	1,500	»	»	»	»	5	»	25					
»	500	500	2,000	»	»	»	»	»	»	30					
»	500	500	2,000	»	»	»	»	»	»	50					
»	500	500	1,000	»	»	»	»	15	»	25	»	»	0 85	»	45 00
»	6,500	6,750	19,500	»	»	»	»	195	45	420	»	»	0 85	»	45 00
»	3 f. 52	4 10	13 52	»	»	»	»	9 75	90	53 75	»	»	0 85	»	45 00

DES EMPLOYÉS.

Bière. (Litr.)	Vinaigre. (Litres.)	Sel. (Kil.)	Riz. (Kil.)	Pâtes. (Kil.)	Bois. (Stèr.)	Fagots. (Nomb.)	Charbon de bois. (Litr.)	Œufs. (Pièces)	Volailles. (Pièc.)	Lait. (Litres.)	Beurre. (Kil.)	Fromage. (Kil.)	Poivre et épices. (F.C.)	Farine de méteil. (Litr.)	Légumes du potager. (F. C.)
»	1,000	1	»	»	»	»	»	»	»	24					
»	1,500	1	»	»	»	»	»	30	»	80					
»	2,000	1	»	»	»	»	»	45	»	120					
»	2,500	1	»	»	»	»	»	40	»	150					
»	2,000	1	»	»	»	»	»	48	»	210					
»	1,500	1	1,000	»	»	»	»	40	»	220					
»	1,250	1	»	»	»	»	»	20	»	210					
»	1,500	1	500	»	»	»	»	»	»	180					
»	1,000	1	500	»	»	»	»	»	»	100					
»	1,000	1	»	»	»	»	»	»	»	150					
»	1,000	1	»	»	»	»	»	»	»	150					
»	1,000	1	»	»	»	»	»	»	»	150	»	»	2 55	1800	95 00
»	17,250	12	2,000	»	»	»	»	245	»	1784	»	»	2 55	1800	95 00
»	3 f. 52	7 28	1 39	»	»	»	»	12 15	»	222 63	»	»	2 55	580	95 00

DATES.	NOMBRE DES ANIMAUX.	CONSOMMATION DES PORCS.											OBSERVATIONS
		Pommes de terre.	Farine d'orge.	Paille de blé.	Vert de pré.	Criblures.	Lait.			Employés.	Chevaux.	Journaliers.	
		Litres.	Litres.	Bottes.	Kil.	Litres.	Litres.			Heures.		F. C.	
Mai.	120	774	122	7	»	»	»						
Juin.	180	»	190	8	300	50	»						
Juill.	186	»	195	7	250	45	»						
Août.	168	»	200	8	250	40	»						
Sept.	180	100	205	8	200	20	»						
Oct.	186	200	200	8	»	10	2						
Nov.	180	200	210	9	»	10	3						
Déc.	225	210	100	9	»	»	2	»	»	8	»	1 00	Le 16 tué un porc gras.
Janv.	242	220	20	10	»	»	1	»	»	5	»	0 75	Le 11 tué un porc.
Fév.	224	230	15	10	»	»	»						
Mars.	248	250	»	11	»	»	»						
Avril.	240	240	»	12	»	»	»						
Totaux	2386	2324	1457	107	1000	175	8			10	»	1 75	
Argent	»	49 f. 64	149 88	32 03	9 00	7 00	1 00					1 75	

Nota. Dans les colonnes *employés, chevaux* et *journaliers*, on porte certaines dépenses nécessitées par les spéculations ou les consommations, et figurant au journal intérieur. On peut également établir ces colonnes sur la feuille mensuelle des consommations, et par là, on se crée un contrôle.

DATES.			FRAIS.						QUANTITÉS.			
			Employés.	Chevaux.	Bœufs		Journaliers.		Gerbes blé.			
			Heures.				Argent.					
							F.	C.				
Mai.	21	Sarcler blé.	40	»	»	»	1	80				
»	22	Id.	40	»	»	»	1	80				
»	23	Id.	15	»	»	»	1	80				
Août.	1/3	Faucher blé et javeler.	60	»	»	»	7	50				
»	4	Retourner javelles.	»	»	»	»	2	50				
»	5	Faucher, javeler, rentrer.	35	40	»	»	96	49	1200			
»	11	Retourner javelles.	»	»	»	»	2	50				
»	12	Faucher, javeler, retourner, rentrer.	50	60	»	»	102	50	1600			
»	19	Id.	120	80	»	»	70	50	2400			
»	25	Retourner javelles.	»	»	»	»	2	50				
»	26	Lier blé et rentrer.	85	100	»	»	45	»	2850			
			385	280			334	80	8050			

DATES.			FRAIS.				QUANTITÉS.		
			Em- ployés.	Che- vaux.	Bœufs.	Journa- liers.	Avoine.	Orge.	
			Heures.			Argent.	Gerbes.	Gerbes.	
						F.	C.			
Août.	26	Faucher avoine, javeler, retourner.	35	»	»	»	23	90		
Sept.	2 7	Faucher avoine, mettre en javelles, retourner, lier et rentrer.	75	420	»	»	70	90	35000	
»	7	Faucher orge.	15	»	»	»	1	90		
»	9 14	Faucher orge, mettre en javelles, lier, retourner, rentrer.	110	80	»	»	50	87	»	2400
»	16	Lier et rentrer orge.	20	40	»	»	16	25	»	800
			255	240	»	»	172	82	35000	3200
		RÉCAPITULATION DE FRAIS.								
		Avoine.	110	120	»	»	103	80		
		Orge.	145	120	»	»	69	02		
			255	240	»	»	172	82		

TABLE DES MATIÈRES.

FIN DE LA TABLE DES MATIÈRES.

BIBLIOTHÈQUE RURALE,

INSTITUÉE PAR ARRÊTÉ ROYAL DU 13 SEPTEMBRE 1848.

CONDITIONS DE PUBLICATION.

La *Bibliothèque Rurale* est imprimée en français et en flamand, sur format grand in-18, papier vélin, avec gravures. Le prix de chaque volume sera fixé, lors de la publication, d'après le nombre de feuilles,

À raison de 50 centimes pour 120 pages environ.

Les ouvrages seront remis *franco* aux personnes qui en feront la demande.

Un dépôt sera établi dans toutes les communes du royaume et chez les Présidents des Comices agricoles. Les Directeurs de ces dépôts peuvent envoyer en *franchise de port* leur correspondance avec l'éditeur, sous le couvert du Département de l'Intérieur.

La publication de chaque ouvrage sera annoncée par les soins du Gouvernement, dans le *Moniteur belge* et le *Mémorial administratif* des provinces.

EN VENTE :

MANUEL DE CULTURE. 1 vol.	Prix : 80 centimes.
EMPLOI DE LA CHAUX EN AGRICULTURE.	20 »
MANUEL THÉORIQUE ET PRATIQUE D'ARBORICULTURE, avec 205 planches gravées. — L'ouvrage sera publié en 2 volumes in-18 de 200 pages environ. Tome premier.	65 centimes.
MANUEL DE COMPTABILITÉ AGRICOLE.	40 »

SOUS PRESSE :

MANUEL FORESTIER, par M. *Clément*, agronome du Roi. Un vol.

MANUEL PRATIQUE D'IRRIGATION. Un vol. avec 100 planches.

MANUEL DU DRAINAGE PRATIQUE, traduit de l'anglais par M. *d'Omalius.* Un vol. de 250 pages environ, avec 50 planches gravées.

TRAITÉ DES BÊTES BOVINES ET PORCINES. Un vol.

TRAITÉ DES INSTRUMENTS D'AGRICULTURE. Un vol.

TRAITÉ D'ÉCONOMIE RURALE, de la ferme, la basse-cour, etc.

En vente chez le même éditeur :

ANNUAIRE DE L'AGRICULTEUR BELGE, pour 1850.	1 fr. 25 c.
CALENDRIER AGRICOLE POUR 1850, planche in-folio, teinte chiné.	15 c.
	20 c.
LE MÊME colorié.	2 fr. 50 c.

Les exemplaires collés sur carton se vendent 25 centimes de plus.

9 782329 273822